建筑速写

张 峰 著

北京大学出版社
PEKING UNIVERSITY PRESS

内容简介

本书以安徽徽州传统民居建筑速写为例，通过对徽州传统民居建筑特征的描述，结合钢笔速写图片来表现中国传统民居建筑，展示建筑钢笔速写的方法。本书阐释了建筑速写不仅以图示来表达对象，还应分析对象的本质特征，这样才能使建筑速写更具内涵思想。本书主要内容包括序言、建筑速写基础知识、村落速写、民居速写、街巷速写、宅院速写、树木速写和山水环境速写。

本书范画是从作者多年的速写作品中精选出来的，强调建筑速写实践应用能力与分析能力的培养。通过对本书的学习与临摹，学生可以了解建筑速写的基本知识，培养建筑速写的能力。

本书既可以作为高职高专院校建筑设计技术、建筑装饰工程技术、环境艺术设计、室内设计技术、艺术设计、城镇规划等专业以及其他相关专业的教材和指导书；也可作为本科院校、成人高校相关专业的教材和参考书；还可作为建筑设计、室内设计、环境艺术设计等相关专业从业人员的参考用书。

图书在版编目(CIP)数据

建筑速写/张峰著. —北京：北京大学出版社，2012.4

ISBN 978-7-301-20441-2

Ⅰ.①建… Ⅱ.①张… Ⅲ.①建筑艺术—速写技法—高等职业教育—教材 Ⅳ.①TU204

中国版本图书馆 CIP 数据核字(2012)第 055771 号

书　　名：建筑速写
著作责任者：张　峰　著
策划编辑：赖　青　王红樱
责任编辑：王红樱
标准书号：ISBN 978-7-301-20441-2/TU·0229
出　版　者：北京大学出版社
地　　址：北京市海淀区成府路 205 号　100871
网　　址：http://www.pup.cn　　http://www.pup6.cn
电　　话：邮购部 62752015　发行部 62750672　编辑部 62750667　出版部 62754962
电子邮箱：编辑部 pup6@pup.cn　总编室 zpup@pup.cn
印　刷　者：北京虎彩文化传播有限公司
发　行　者：北京大学出版社
经　销　者：新华书店
787mm×1092mm　16 开本　10.75 印张　248 千字
2012 年 4 月第 1 版　2024 年 12 月第 2 次印刷
定　　价：30.00 元

前　　言

建筑速写是建筑设计类专业的基本能力之一，通过建筑速写，既能培养表现能力和审美能力，又能起到资料收集的作用，建筑速写本身还具有很强的艺术性，坚持速写能提高艺术修养。本书以安徽徽州传统民居建筑钢笔速写为例，从其构筑思想的描述及其居住环境形态的描绘来表达建筑速写。

本书内容共有8个部分，主要包括序言、建筑速写基础知识、村落速写、民居速写、街巷速写、宅院速写、树木速写和山水环境速写，从人文特征和形态特征进行阐述与描绘，为钢笔速写训练提供一种范例与摹本。

作者从事建筑及室内设计实践与教学工作多年，在长期教学与工程实践中深深体会到建筑速写的重要性，且一直坚持写生与创作，并常通过速写来收集设计资料，提高表现能力与艺术修养。书中收录的钢笔速写画是作者十多年来在安徽黟县、江西婺源等地的部分写生稿，从构图布局、线条组织、形体刻画等表现技法上都有一些心得。速写内容主要包括民居建筑、树木、山水田园等徽州传统民居环境，形成了自己独特的表现风格。在写生过程中，作者深深被这青瓦白墙的民居建筑所吸引，从现场调研与分析、查阅文献来了解徽州传统民居的内涵及它们的形态形成之缘，以及它的社会背景、文化背景等。本书以建筑速写描绘徽州传统民居形象特征，以文字随笔描述徽州传统民居人居观念，内容精练、图文并茂，使读者不仅能认识徽州民居建筑表象特征，还能理解其构筑思想与人文特征等。

本书在编写过程中，湖北城市建设职业技术学院和华中师范大学传媒学院及许多朋友给予作者很大帮助，在此一并感谢。由于作者水平有限，本书难免有很多不足之处，恳请有关专家和广大读者提出宝贵的意见和建议，以求本书更加完善。

2011年7月于武汉汤逊湖畔

目　录

第一章 序言

十多年来，我几乎每年都要到皖南等地区进行写生和乡土建筑调研。走在峰岚叠翠、烟雨迷蒙的皖南山间，但见烟树隐隐，流水潺潺，掩映着错落有致的黛瓦粉墙、马头高翘的徽州传统民居。这楼台亭榭、洞门漏窗浸在茂林修竹、云雾烟霞之中，又有月色风声、蝉噪鸟鸣相和，让人颠倒情思，有时光倒流之感，禁不住要描绘这“白云深处仙境，桃花源里人家”的景色。面对着徽州传统民居如此丰富深厚的形式与风格，让人积极地追溯其根源，思考其成因，是什么因素决定这些形式，并赋予其地方特色。

古代徽州地处安徽南部的黄山和齐云山之间，紧邻浙江、江西。其历史行政区划分为一府六县，即今天安徽省的歙县、休宁、黟县、祁门、绩溪和江西省的婺源等县。徽州地区山峦绵延、山地占十分之九，地狭土脊、田少民稠。近人吴日法在《徽商便览·缘起》中写道：“吾徽居万山环绕中，山谷崎岖，峰峦掩映，山多地少。”因其地理环境“山岭川谷崎岖之中”，形成了徽州独立的民俗单元体系。其家族制度极为盛行，徽州各姓聚族而居，风俗古朴。徽人弃田经商，致富返乡大建住宅，在明代和清中叶极盛，至今还保存着高墙围合、庭院深深的建筑空间的原构，其主要有以下特征。

1. 粉墙围合、木构承重、板壁分隔的构筑形式

徽州传统民居木构架承重，高墙围护，室内木质隔断，建立空间的分隔与联系，形成了保温、通风、隔声等作用的室内空间。

徽州传统民居的围合形体特征受制于其内部空间。徽州男人常年在外经商，家中留有妇孺幼小，为防盗抢等社会因素，要求空间外封闭、内开放。因此需要高墙围合，外墙不开窗；内设天井采光、通风等。又因依山就势建房，所以空间布局自由灵活。同时因建筑主体为木质，恐失火相互殃及，于是在山墙上修筑马头墙来封火。

徽州传统民居建筑的围合墙体主要有山墙、正面外墙和院墙。外墙用砖砌成，表面抹白灰，厚度约 20～30cm 不等。山墙高出屋脊，其延伸部分是马头墙，其构造方式属空斗墙形式，即以砖砌成盒状，中空或填碎石泥土，一般不承重。

徽州传统民居的入口是丰富建筑造型的重要部位，在大门入口处作有各式门楼，它与大面积粉墙对比，显得十分突出，且立面造型丰富。入口门楼雕刻有精美的石雕和砖雕，这与室内的木雕合起来称为徽州“三雕”，是徽派建筑装饰细部的重要组成部分。在徽州常有“千金门楼四两屋”之说。门楼的雕刻内容造型丰富、主次分明、整体感强，在灰白粉墙上形成极强的中心感。

玲珑剔透、丰满华丽、内容丰富的室内隔断的木雕，其寓教、寓景、寓情。步入民居室内，在格扇门窗、板壁、柱、梁上的木雕让人停步流连忘返。构图因内容而布局，如人物故事和花鸟鱼虫，惟妙惟肖。图案整体丰富而不杂乱，统一而不单调，装饰性很强，图案的内容既能装饰室内界面，又可以寓景、寓情和寓教，还可以美化建筑构件、提升空间氛围与意境。

2. 虚实相生的天井院落空间

徽州传统民居都以深宅大院形态出现，其厅堂、卧房、厢房、书房等都藏于宅院内部，面向天井或内部庭院布局。整座宅院只有大门朝外，其建筑实体与空间虚实相生，创造了空间多层次的序列感，体现了宅院组群的时空构成之美。以高墙围合的徽州传统民居建筑突破室内空间，把窗扇、户牖、亭阁作为吐纳大自然之要素，建立了建筑空间和大自然相融通的关系。

徽州传统民居的空间组合以相邻正屋或正屋与院墙围合的天井院为基本单元，因地制宜进行复制，以天井为中心，向内封闭，或左右对称、堂堂正正的很有规则，或因地制宜随地形灵活布置。其天井面积不大，但能发挥很大效能。不仅解决封闭内向建筑对采光、通风、排水的需要，而且起到过渡空间、联系空间、组合空间的重要作用。正屋多为三开间，明间作厅，两厢为室；楼房多为两层，底层高敞，楼梯一般设在厅堂太师壁之后的隐蔽位置。在天井院内，四面为木装修围绕，有落地格扇、高槛格扇分隔空间，其木作不刷漆，保持木质纹理和天然色泽。

其空间分隔又有联系，相互渗透，以明暗、敞闭、大小、高低、方向的变化，不断交替转换，空间节奏感强，给人精致多变、尺度宜人之感。徽州传统民居用“聚”、“隔”、“曲”、“隐”等手法使空间密处有疏、疏处有密，实中有虚、虚中有实，创造了丰富的“实景”与“实境”，同时也能因视觉带动听觉、触觉、嗅觉组构的全面感受而致的“虚境”。在徽州民居天井、宅院、水榭等中有“聚”的体现，使空间围聚，视线收敛。徽州传统民居中“隔”的主要素材是照壁、屏风、檐廊、门窗、山石、花木等，起障景、分景、隔景的作用，可避免景物一览无余，造就空间一环扣一环、庭院一层深一层的景象。“曲”与“隐”使空间幽深，山多地少的徽州，尤其注意利用土地资源。其因制就宜、随形而弯，避免景物的直、浅、露，既阻隔视线的通视，又丰富景观层次，造就景域的奥妙，从而显得委婉、小巧、轻灵、富于天趣。

这种亦内亦外的空间形式在徽州地区广泛存在。宅院向外封闭，向内开放，面向天井或庭院的界面充分敞开，形成了种种灵巧的“亦内亦外”的空间。开敞式的堂屋与天井连成一片，形成室内外空间的相互流通，也浓郁了天井的内化品格。

3. 简淡精雅审美意蕴

徽州山水秀丽，“阡陌天成，兵革少到，遂以桃园”。更以程朱理学故居自居，由明至清乾隆年间，徽商逐步发展盛极一时，因此巨贾层出不穷，他们不惜财力，修建宅院。徽州贾而好儒成为一时风尚，程朱理学成为普及教育主要内容，“地木风水，伦理纲带”是当地村落宅居形成的一种观念体现。由于文人聚众、风雅自居和“天人合一”的儒道美学观念，使徽州民居建筑形态规整错落，审美意蕴简淡精雅。

徽州传统民居村落以青山为底、建筑为图、怀抱于山水之间。托物寄兴，感物兴怀，赋予了建筑物文学的灵魂，丰富了建筑空间的意蕴，借助于其围合界面的雕刻字画、楹联来升华空间的意境。

除堂屋、花厅、书房中四方界面的楹联字画雕刻外，自己的宅居也有典雅冠名，以题名形式指引建筑意境广泛存在于徽州各宅院内，如“树人堂”、“居善堂”、“承志堂”、“德义堂”，顾名思义、非常直观的阐露宅居的品德。德义堂的建筑意境首先在空间上曲折、幽闭以体现雅致。其正屋前有一小苑，筑有水榭枕于水上，临水有一美人靠，上题“临渊”二字，引出意境，有意远心净之感。在此听风观雨品茗，让人遐思万千，延伸了精神境界，让声、影、情、伴的空间意境自然地流露出来了。白日红鱼游动，晚上一池月色，花香鸟语、潺潺流水、风声、雨声，入耳注心，涤肺腑、洗心怀。

徽州传统民居宅内造景除了栽花植草、叠石等创景之外，还在室内格扇上做了文章。如雕镂精细的木、砖、石三雕，其耐人寻味的“冰梅图”纹样，半片梅花落在一方方冰裂纹上，寓示“梅花香自苦寒来”。此纹样在徽州传统民居中所见极多，烘托出“贾而好儒”之品格。

在其室内造景上还有“以小喻大”、“以少概多”等手法，通过“一卷代山”、“一勺代水”，以强化景物的概括性、典型性。如唐模村许宅内，叠石栽木、修筑水景仿杭州西湖，把白堤、玉带桥、湖心亭、三潭印月“搬”进宅中，有“亭榭参差与踞胜，小桥曲槛通幽境”之空间意蕴。还有在板壁、格扇、画栋、雕梁上雕刻的花鸟、风景、人物故事等图案，把天下之事尽可能都反映出来了。

还有“文学”手段丰富了徽州传统民居的意境创造和意境指引的形式，其表现形式很多，有诗文的形式，描述建筑和景观、游赏感兴；有以题名的形式，为建筑的山水景物命名点题；有题写对联的形式，状物、抒情、喻志、指引联想、升华意蕴。通过这些形式可传递其意境内涵。如唐模村檀干圆有长联一幅写道：“春桃露春浓，荷云夏净，桂风秋馥，梅雪冬妍，地僻历俱忘，四序且凭花事告；看紫霞西耸、飞瀑东横、天马南驰，灵金北倚，山深人不觉，全村同在画中居。”上联叙一年四季花开花落，下联述掩映于村落周围的山色、水景。“以全村同在画中居”点明唐模村如诗如画的建筑意境。

4. 理学阙里盛贾而好儒、求平安繁昌

“地狭民啬”的徽州人在中国重农抑商的社会背景下，艰难跋涉求生存，其重商、崇儒之心理，从徽州民俗谚语都有反映。如绩溪有《看罗纹》儿歌唱“一罗穷，二罗富，三罗四罗开当铺……”映射出徽州人经商致富的愿望。还有徽商绰号“徽骆驼”和“绩溪牛”的吃苦耐劳、聚财节俭之写照。

徽州特定的自然环境和社会环境及民俗文化影响着其宅居形态，如厅堂独特的入口，那就是沿着门框筑雕成“商”字形图案，任何一个穿堂入室的人，都要从“商”之下穿过，反映出“商居四民之来，徽俗殊不然”的特点，以“商”字为图形的观念折射徽人重商之情节。与“商”字图案相映成趣的还有柱上的对联“读书好，营商好，效好便好；创业难，守成难，知难不难”的崇儒思想。明代徽州人汪道昆有言：“夫贾为厚利，儒为名高。夫人毕事儒不效，则弛儒而张贾，既侧食身乡食其利矣，及为子孙计，宁弛贾而张儒，一张一弛，迭相为用”，反映出徽州人“第一等好事只是读书，几百年人家无非积善”（黟县承志堂柱上对联）的儒家思想。

“四水归堂”的天井院是徽州传统民居的主要特征之一。以天井为中心的内向封闭式组合，四面高墙围护，天井有组织排水，屋面排水坡朝天井。下雨时水流进天井，流入室内空间，徽人称“肥水不外流”，阴阳五行里“水生金”，聚水就是聚财。

力求家族声望，保节操名誉。“程朱阙里”的徽州有“歙南太荒唐，十三爹来十四娘”之俗谚。写的是古代徽州人早婚之后，男子便外出经商，一去则是几年甚至几十年才返乡。有《新安竹枝词》：“健妇持家身作客，黑头直到白头回，儿孙长大不相识，反问老翁何处来”之写照。“一世夫妻三年半，十年夫妻九年空”的古代徽州妇女，则常年枯坐灯下，对影啜泣，清夜孤眠，窗迎冷月。由于男人常年不在家，在礼教重地的徽州有“饿死事小，失节事大”之宗法规范，对于“烈妇殉夫”立贞节牌坊、女祠给予荣誉，以此极度夸张的物化方式来宣扬烈女贞节。如此让现代人毛骨悚然之事在徽州地区其物证很多，如棠越的清懿堂女祠，在田间地头贞节牌坊则随处可见。这种重家族声望、保节操名誉在建筑上除了以贞节牌坊和女祠之外，反映在宅居上的也很多。以血缘关系聚居的徽州人千辛万苦积累的财富传与子孙，就必须要求血缘纯正，否则便是拱手让与他人。因男人常年不在，则对女人采取约束和禁闭手段。徽州传统民居一般为两层楼，楼上居住女人，对外不开窗或开小窗洞通风之用，对天井有格扇窗，还设有“美人靠”，供深闺中妇女凭栏休憩之用，徽州女子在此闲倚窥视楼下的过往宾客。在建筑外部则以高大厚实外墙围合，隔断宅内与外部世界的联系。年少的徽州妇女面对空荡荡的深宅大院，靠解脱铜制的九连环聊以消愁破闷，或将铜钱抛在地上，然后再一枚枚捡起来，再撒开，再一个个拾，直累到精疲力竭，东方泛出鱼肚白，直到青春少妇熬白了乌黑秀发。对外高墙围合隔断，对内仅以格扇联系人间暖冷的古代徽州女人世界，以幽闭来表现徽州传统民居对维护家族名望、女人节操之建造手段。

求平安繁昌。体现徽州人渴求平安繁昌的最普遍的形式就是在厅堂长条案上的东瓶与西镜，其谐音有“平静”，以物寓意，蕴涵着祈求家庭平安之意，折射出的是常年奔波在外的徽商在内心深处对平静生活的渴望。除此之外，还表现在室内界面的木雕与字画上，反映出徽人对平安繁昌的渴求，大徽州三雕中，其题材皆取对象的象征意义。如谐音、联想、约定成俗之隐喻等，来表现人的各类愿望。如“九族兴旺图”是九只神态各异的松鼠在同根的葡萄藤上，因葡萄多子，则暗喻“多子多孙”。九多指数，有“九族”之意，图中九只松鼠指“九族子孙”（“松”有“孙”之音），在聚族而居中讲求和睦共处，互相帮助之意。如蝙蝠图有“变福”之喻；还有用鹿鹤同春作漏窗纹样以示长寿等。在当时自然环境与社会背景下，千辛万苦的徽州人劳苦奔波，渴望平安富贵，在宅院内部以图案、陈设、字画等来表达美好愿望。

5. 天人合一，与自然相辅相成的营建思想

徽州传统民居在其生成、发展过程中，依靠和适应其生存环境。徽州民居从选址、布局和构成，单栋建筑的空间、结构和材料等，无不体现着天人合一的生态观，因地制宜、因山就势、相地构筑和因材施工的营建思想。

“土木之事，最忌耗费”是当时徽州人的构筑思想。为了保证夏季阴凉，则室内层高较高，厅堂半敞。冬季取暖则有炭盆、手炉、火桶等布局取暖设备，以木构承重、空斗墙维护，发挥不同建筑材料的物理性能。其墙体表面抹白灰既可反射阳光以隔热，又可防潮保护木构架。

因徽州地区林木茂密，聚居地狭人稠，因建筑密集和木结构的特点，加上“刀耕火种”的生产特点，故火患猛于瘟疫，威胁人的生存，因此反映在徽州传统民居的防火措施非常明显。

宅院以天井为单元形式，一进进的空间布局形式也有防火功效，每个基本单元都是木构承重砖墙围护，以砖墙为主隔开一层层空间，可制止一个基本单元失火而殃及全宅。其生活火源的厨房一般都隔离主屋，这也是防火的一种空间布局形式。宅内还设有火巷，一旦发生火灾，火巷则起到疏散作用。火巷是在两进堂之间所设的窄巷，平时是供妇女和佣人出入的内部通道。两侧由砖墙砌成，可隔离、阻止火势蔓延。以砖墙隔火是徽州传统民居的重要防火形式，马头墙则是这种思想的升华，以至成为徽派建筑风格的典型符号。门框为砖石结构，有的在门板上包铁皮，以圆头钉固定；还有的在门板上镶水磨方砖，可阻止木质木扇、门楣因被火烧而使火进入内室。除了隔火手段外，还有灭火措施。如宅前穿堂入室的水圳，在室内设置水缸、水池，还在天井下设“明塘”。如“太平缸”石板水池，接受天然雨水，一者养鱼怡情，二者有备无患。还有在屋脊置脊兽镇火，常见的有鳌鱼，鳌鱼属龙，能吐水镇火，以求得精神之安慰。

总而言之，徽人重理、资厚、风雅，理性分析生存环境和充分利用自然资源，与生态环境和谐共生。建筑格局坐北朝南，背山面水，物质功能和精神功能共现于宅居及聚落格局中。建筑因地制宜，注重防火，空间处理讲究与环境相融，吐纳自然，以天井院为基本单元建筑体形式为中高低错落、节奏彼此起伏、色泽雅致，与青山绿水相谐调，细节丰富。其空间虚体吐纳自然、序列节奏有始有终，以隔、曲、隐、聚等空间构成手法，诗文点题等方式创造空间意境之美。这些虚实之间的美之缘因，受程朱理学规范和徽商的贾而好儒自身修养，以及徽俗中渴望平安繁昌、聚财等民俗心理的影响。

每次踏进这片土地都有新的体会与感受，用速写描绘其形态，用文字阐述其特征，可加深对徽州传统民居的认识，理解徽州传统民居的历史和内涵及它们的形态形成之缘，以及它的社会背景、文化背景等。

第2章 建筑速写基础知识

建筑速写是培养造型能力的一种重要手段，同时还能通过对写生对象的观察与分析起到资料收集作用。建筑速写是运用简练概括绘画语言的方法来快速表达对象，其具有很强的艺术性与便捷性，是绘画与设计等专业的重要基础能力之一。建筑速写主要有钢笔速写、铅笔速写和色彩速写等表现类型。其中钢笔速写是最常用的一种形式，下面将对其详细介绍。

2.1 钢笔速写的特点与表现形式

2.1.1 钢笔速写的特点

钢笔速写具有便捷性、艺术性和兼容性的特征，它主要是用线条来表现景物的形体轮廓、空间层次、光影变化、材料质感等，是一种快速准确，而又十分方便的表现方法。由于钢笔易于携带，绘图简便，其线条又非常适于表现建筑形体结构，且能以各种线形组成流畅与美观的画面，表达建筑立面曲折、凹凸等美感，还可利用不同线型来表现配景，烘托空间氛围，是建筑速写很适用的表现形式。

钢笔速写是一种艺术性很强的黑白画，它通过线条组织能体现出黑白相间的节奏感和韵律感，也能体现其潇洒、流畅之气质。其艺术性主要体现在构图中的黑与白的布局、线条的性格、笔触等画面组织与处理上。

钢笔速写画还是一种非常具有兼容性的表现方法。一幅潇洒流畅的钢笔徒手画本身就是艺术作品，而且其画面效果还可和其他多种表现手法结合，如与水彩、透明水色、水粉等。马克笔与彩铅结合，形成淡彩和重彩等综合表现形式。

此外，钢笔速写画还便于复制和保存，在设计与创作素材的收集、造型能力培养等方面提供了一种非常便利、快速的图示语言与表达形式。

2.1.2 钢笔速写表现形式

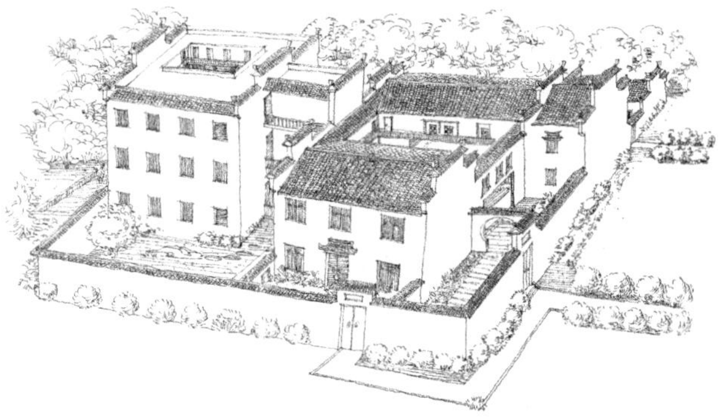

图 2.1　线描画法示意图

1. 线描画法

线描能清晰明确地表现物体的外部轮廓和内部凹凸转折等，削弱了表现对象在光影、色彩等造成的复杂关系。用线来表现面与面的交接、过渡，也能表现物体的质感。线描是对表现对象的高度概括，对线条组织要求较高(图 2.1)。

2. 明暗画法

用明暗表现物象也是钢笔画表现的一种手段，用“三面五调”明暗变化规律去表现建筑形象的形体转折与空间关系，使画面有很强的立体感和空间感。用钢笔表现明暗关系远远不如铅笔素描表现的细腻，且绘画的速度也较慢(图 2.2)。

图 2.2　明暗画法示意图

3. 线面结合画法

线面结合画法是在线描和明暗画法的基础上产生的。其以线描为主，稍加以明暗刻画细节，能对所绘物体简练概括，也可以进行充分刻画。线面结合能快速准确地表达设计构思，是钢笔速写技法中最常用的形式(图 2.3)。

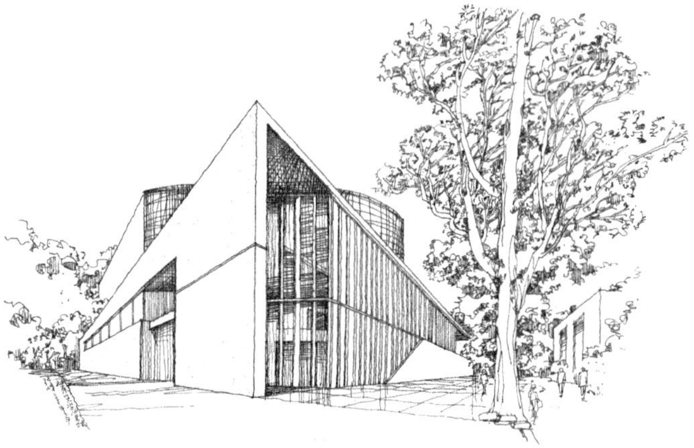

图 2.3 线面结合画法示意图

2.2 透视运用

透视是物质世界反馈在人眼中成像的基本规律，是建筑速写写生最重要的基础。透视有三种基本原理及画法，它们分别是一点透视(也叫做平行透视)、二点透视(也叫做成角透视)和三点透视(也叫做倾斜透视)。透视训练通常是以画法几何原理为基础展开的，其主要有视点、视平线、消失点等基本要素，同时还要借助尺子等绘图工具来进行绘制，过程严谨精细且烦琐。但建筑速写要求快速方便地表达景物特征，且又具有很强的艺术性，因此在写生过程中如何准确简便地把握透视，就要求在遵循透视规律的前提下，利用经验和感觉来把握画面。

在写生时要会灵活运用透视原理，透视规律一般是近大远小、近实远虚、近高远低。绘画时运用透视处理好画面的空间层次、景物形态、结构细节等，对透视不是苛求严谨，而是基本准确。要根据景物特征及环境灵活处理透视关系，使画面效果生动丰富。

2.3 画面构图

构图是指所要表现的主景与配景之间的相互组合关系，使画面富于感染力。在写生之初就要仔细推敲构图关系，组织好画面元素，好的构图有很强的艺术冲击力。构图要领如下所述。

2.3.1 画面元素秩序布局

建筑速写画面包含了很多图形元素，画面构图就是把这些元素合理布局，使之主次分明、秩序井然，能准确地表达出环境关系、体量关系等设计思想。建筑速写画面大都有建筑主体和道路、绿化、周围环境等要素，形成了主景与配景关系；以主体为中心，形成前、后、左、右、中 5 个部分。构图的首要任务就是表现这 5 个部分，使画面的形式感、空间感、层次感等都能有匠心处理，达到既能传达景物特征，又有艺术感染力。在秩序布置画面构图时要注意以下几点(图 2.4)。

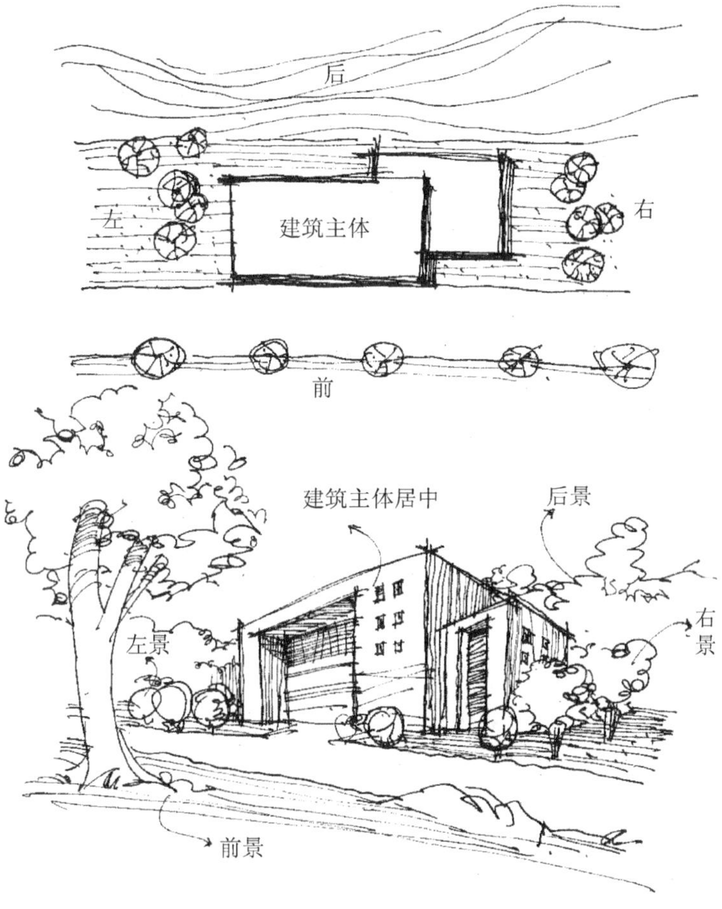

图 2.4　秩序构图示意图

(1) 建筑物作为表现主体，在画面中所占大小要合适。若建筑物在画面中位置所占范围过大，会给人以拥挤与局促的视觉感；反之，会有空旷稀疏的印象。

(2) 从建筑物在画面中位置来看，建筑物居中会有呆板之感，若过于偏向两侧，则有主体不够突出和画面失重感。一般把主体安排在画面中线略偏左或右一些，尤其建筑主入口面要留有较大一些空间，视觉感则会舒展与顺畅。

(3) 从建筑物所处视平线的高度来看，视线定的高则看到的地面就多，视线定的低则看到的地面就少，画面视平线应根据表现对象的实际需要来定。

(4) 配景主要起陪衬烘托作用，其在画面中的布局对构图有很大影响，处理要根据画面的需要而定。在主体前后左右安排相应的配景，可以使画面平衡，同时还可以丰富画面轮廓线。

2.3.2 画面经营巧妙变化

把画面虚拟为以主景为中心的五个部分，并有序地布局，就是为了突出画面的空间感和层次感，但有序地摆放图形元素处理不好则很容易让画面变得呆板。因此在画面构图时，在秩序布局基础上要用巧妙的手段使画面效果生动，且富于变化，主要可从水平变化构图和纵深变化构图着手(图 2.5)。

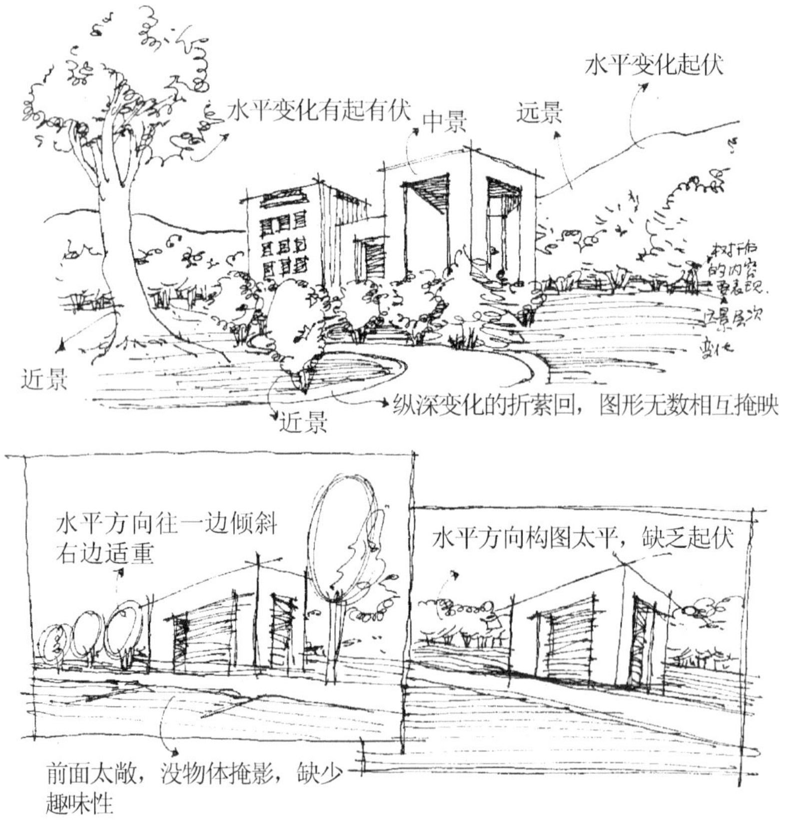

图 2.5 构图变化示意图

(1) 水平变化构图主要是处理好以主体为中心的左右关系，在画面重心平衡的前提下，左右图形元素布局有起伏变化，切忌图形元素在一条线整齐布局或往一边倾斜布局。

(2) 纵深变化构图主要是处理好以主体为中心的前后关系，让画面中的近景、中景、远景的层次关系变化富于趣味，相互错落布局图形元素，使其有曲折萦回之感。

2.3.3 细节处理手段丰富

通过有序且富于变化的整体布局之后，在处理画面局部时要采用一些技巧使画面更耐人寻味，这种细节的处理手段非常丰富，下列内容将列举说明(图 2.6)。

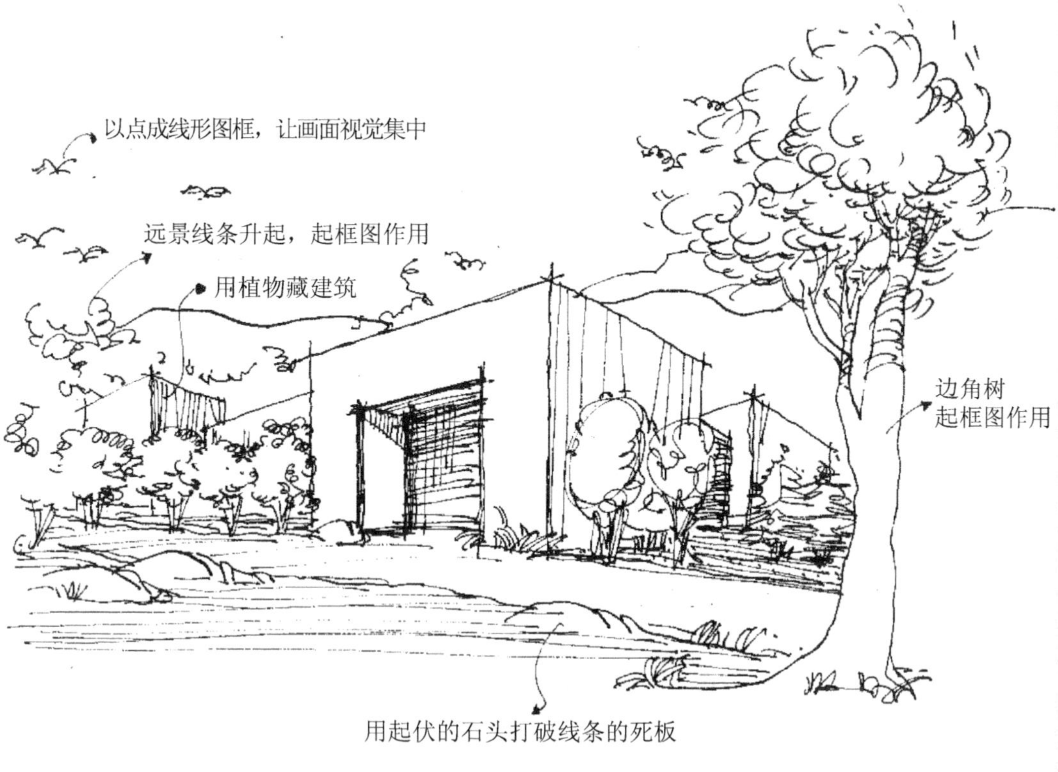

图 2.6　构图细节处理示意图

(1)“框”就是让画面视觉集中、构图不分散，使画面“聚气”。可用树木等配景元素构成框感，使画面图形元素有主有次，整体性强。

(2)“破”就是用元素打破过于长或板的图形，使画面生动且有节奏感。

(3)“藏”和“露”是相互依存的，根据画面需要用图形元素“藏”某些形体，“露”某些图形，使画面富于趣味，耐人寻味。

对于画面的构图原则，不可机械理解与照搬。因表现的对象不同，其画面的构图是千变万化的，因此写生时要寻求最佳的构图形式来进行画面表现与形象的塑造。

2.4 线条组织

2.4.1 线条的性格

线条是钢笔画最基本的表现元素，有强烈的性格特征，如刚、柔、虚、实等。其可以通过运笔的快慢、顺逆、顿挫等将物体的形象特征表现出来，也可以表现物体的质感，不同物体因其质感采用相应性格的线条。画线时要笔锋垂直纸面，均匀呼吸，画长线要一口气画完，忌用碎和短线拼凑，这样能使线条厚实有力，不浮于纸面。线条运笔根据画面需要采用急、缓、顿、挫、虚、实等不同性格的线条，使画面生动丰富，流畅潇洒。

2.4.2 线条的疏密组织

线条是通过勾勒物体轮廓来表达物体形体特征的，同时以线的疏密互衬来组织画面，让物体相互显现。画面从整体到局部，都是疏中有密、密中有疏形成物体之间的相互衬托。而布局画面的黑白灰，则使画面具有节奏感。线条的疏密组织是钢笔写生技法的重要手段，是画面效果成败的关键因素(图 2.7)。

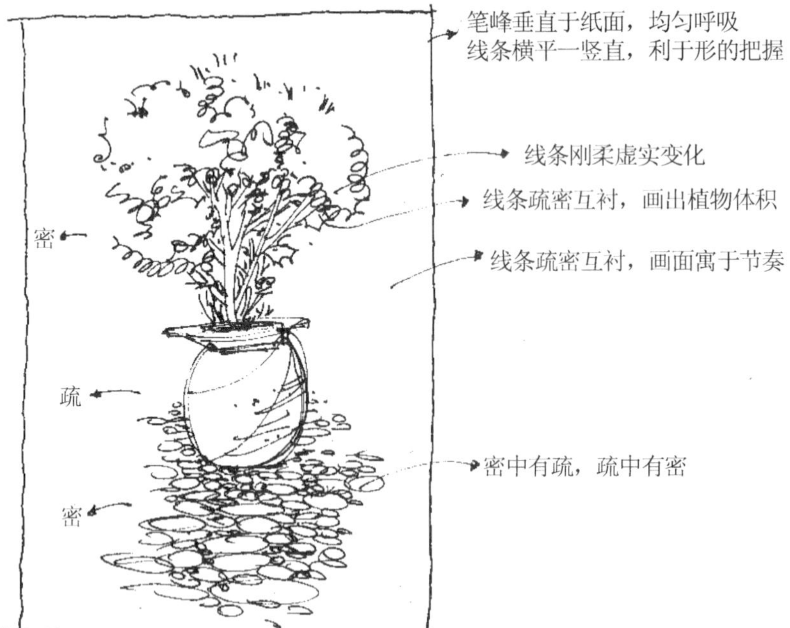

图 2.7 线条组织示意图

2.4.3 线条造型的形式美

线条表现的对象形式感必须要美，再潇洒流畅的线条也会因物体造型不美而导致画面没有吸引力。因此在写生时，首先要选好景色及视角，使描绘对象形式感丰富，选用形式感美的建筑配景去丰富画面，增强画面吸引力，从而也确保了画面的生动性。

2.5 细节处理

2.5.1 细部造型

钢笔速写画面若只有潇洒的线条和大块面积的图形，没有细节的刻画，则不能诠释景物特征，画面也不厚实耐看。其细部造型处理除了要画出其二维关系外，也要画出物体厚度，这样才能表达出表现对象的造型及其结构。

2.5.2 材质感表现

对于不同的物体结构与材料质感的表现，钢笔线条都应有相应的用笔与组织方式，如墙面、石块、草地、水面、地毯等均可用形式多样的线条组合与排列形式将它们的材料质感充分表现出来。根据材质的光洁、毛糙、软硬等不同特征以及不同的表现对象，要采用不同的表现技法。材质的表现技法也不是永久不变的，要因物而宜，分析特征寻找最合适的表现手段(图 2.8)。

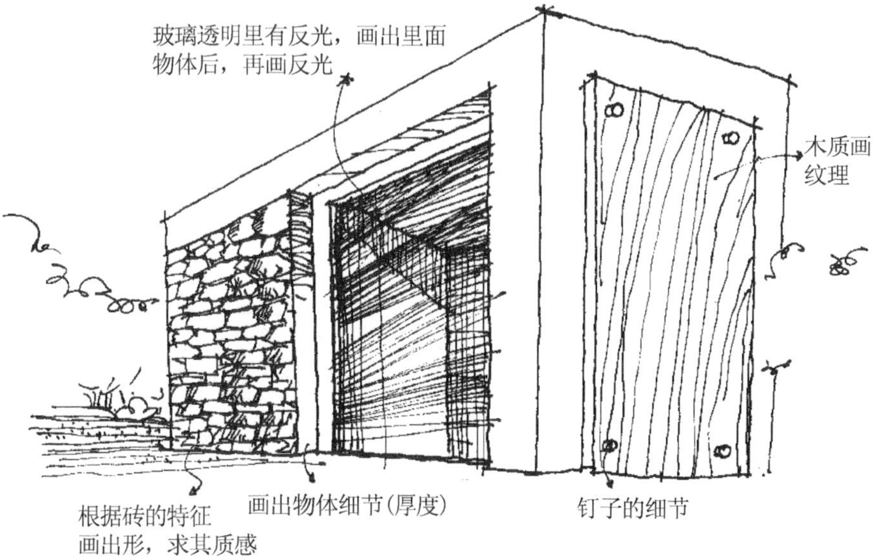

图 2.8 材质感表现示意图

2.6 钢笔速写画绘图步骤

钢笔速写画绘图步骤主要可以按以下几个步骤进行。

1. 选景与观察

写生时，选景是最关键的、也是第一个步骤，合适宜人的景物能激发创作灵感与绘画的欲望。适宜写生的景物一般要有情趣，主景与配景相互呼应，空间层次便于组织。选好景色后要先观察与分析，对眼前景物进行归纳取舍，要意在笔先，确定好其构图形式和表现手段(图 2.9)。

图 2.9 选景与观察示意图

2. 勾画大体轮廓

画钢笔速写画时，先整体布局将要表现的物体轮廓勾画出来。在进行画面构图布局时，还要仔细的观察与分析，明确表现对象的比例关系与透视关系(图 2.10)。

3. 从整体到局部逐步深入

在勾画大体轮廓的基础上，用钢笔徒手线条将所需表现的对象及环境整体绘制出来，并逐层深入。在此过程中要注意线条的运用与组织，把握线条的疏密布置、轻重缓急、前后穿插、转折等关系(图 2.11)。

4. 细节刻画

根据局部细节的形态特点和其材质感，仔细观察与分析，运用最合适的表现方法来刻画细节。比较前景、中景、远景景物的色调差异，准确选择合适的线条和笔触。在刻画细部时要考虑局部与整体的关系，以便对画面整体关系进行把握，使画面整体之中有深入细致的刻画内容(图 2.12)。

图 2.10　勾画大体轮廓示意图

图 2.11　整体到局部深入示意图

图 2.12　细节刻画示意图

5. 画面整体调整

完成局部刻画后，要对整个画面进行调整与处理，使各个局部之间的关系相互协调。强调画面的黑白关系，调整画面线条的疏密组织关系，使画面生动且富有节奏感（图 2.13）。

图 2.13　整体调整示意图

第3章 村落速写

古代徽州人为躲避战乱等原因迁徙到皖南山中，因“山限壤隔、民不染他俗”，形成了特色鲜明的地域文化，使徽州的民居建筑风格鲜明独特。清人程庭在《春帆纪程》中写道：“徽俗士夫巨室多处于乡，每一村落，聚族而居，不杂他姓，其间社则有屋，宗则有祠。乡村如星列棋布。凡五里、十里，遥望粉墙矗矗，鸳瓦鳞鳞，棹楔峥嵘，鸱吻耸拔，宛如城郭，殊足观也”。

徽州地处山岭川谷之中，因山多田少人稠，粮食难以自足，徽人从小外出经商，巨贾层出不穷，耕读和“商而兼士，贾而好儒”之风尚浓厚。这样的自然环境和社会文化环境影响着徽民的人居观念，形成青山做底、绿水绕衬、粉墙黛瓦、规整错落的构筑形态。

其村落选址一般依山傍水，目的是保证有充足的水源，既满足生活需要，也满足消防需要。如黟县西递村整体布局似从东向西而进的船，并且有“明圳粼粼门前过，暗圳潺潺堂下流”的“消防工程”。在宏村各家门前的水圳迂回曲折穿月塘而过聚于南湖，既提供浣洗卫生、生产灌溉用水，也提供充足的消防水源。这种水沟设街巷布局，户户相通，在徽州地区十分普遍。徽人因惧火太甚，故不惜代价修水利以防火灾。

徽州境内，山清水秀，风景如画，“黄山归来不看岳”以之形容此地自然风光。在如此山水之间营建家园，还有徽州理学、儒道文化作为徽人建筑思想指导。其追求天人合一，建筑形式与环境相融。错落在青山绿水中的村落，抱山环水、空灵俊秀。建筑的造型、色泽、材质、空间组合都有严谨推敲，协调之中有对比，统一之下有变化。远眺村落，青山碧水之中，马头翘角，粉墙黛瓦、参差错落、袅袅炊烟。建筑楼群层层叠叠，规整错落，黑瓦白墙，疏密有致。这青山绿水怀中的宅居宁静安详，犹如水墨山水画卷(图 3.1～图 3.37)。

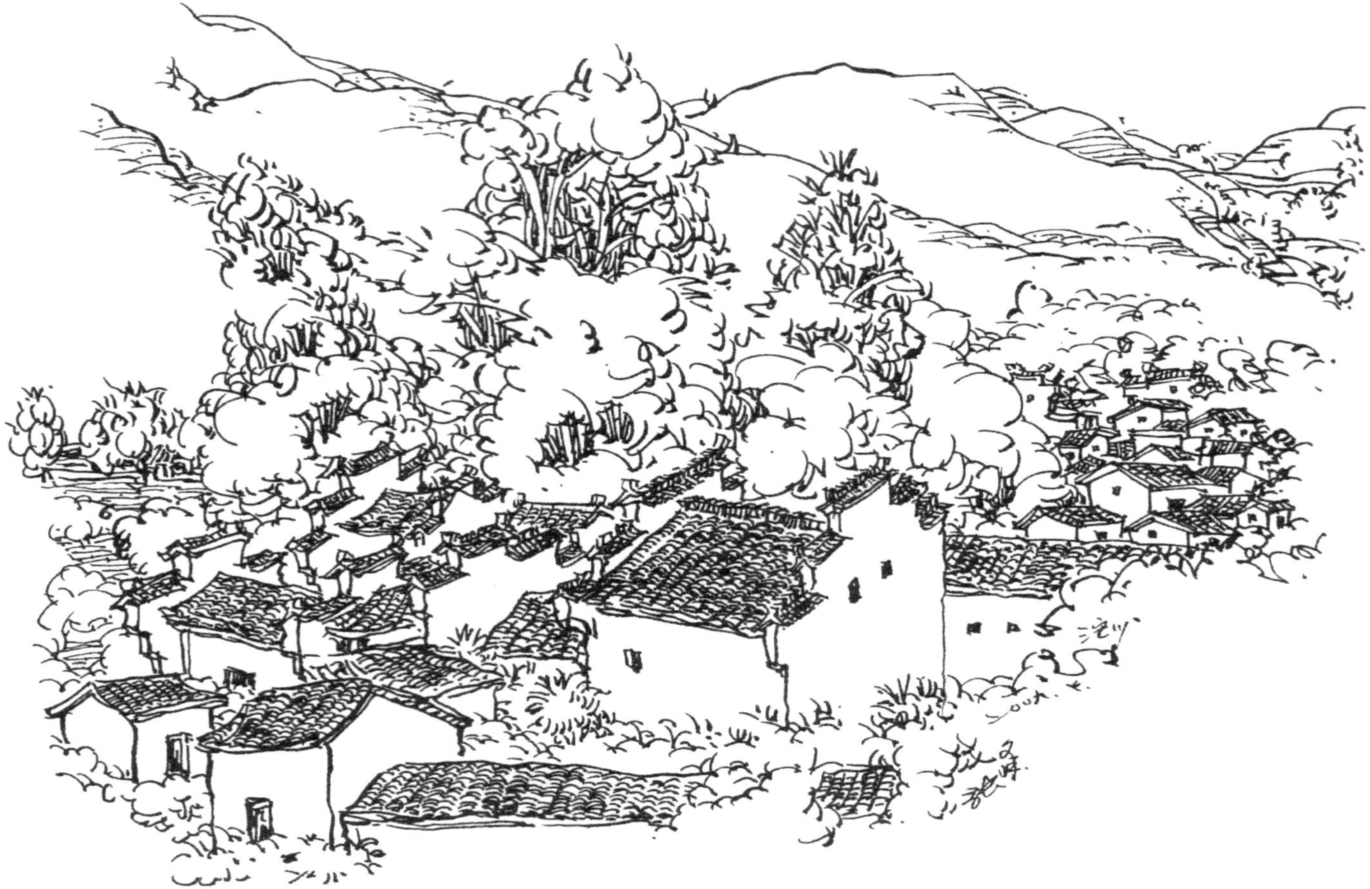

图 3.1 鸟瞰理坑

站在婺源县理坑村最高点远望，可以感受到徽州传统民居村落的形式规整统一，和谐丰富。徽州当时的社会背景与地域环境，深深影响着徽民人居的观念。

图 3.2　塔川秋色

俯望黟县塔川村落，只见人工建筑和自然环境融汇为一体。在山多地少人稠、聚族而居的徽州村落，为合理利用自然资源、协调人和自然的关系以及确保宗族繁荣，村落从选址到建成都有理性的思考、整体的规划。

图 3.3　临河人家

徽州传统民居村落以水为命脉，选址要观察风水，常靠近水源充沛之地，而又须处理防洪涝。往往傍水或跨水而居，充分利用地表水资源建立灌排水渠，以利耕作和引为生活用水，也营建聚落内部的水圳、水塘蓄泄生活用水，同时改善聚落小气候并美化环境。

图 3.4　河边石径

这是婺源理坑村的沿河人家，画面线条组织疏密相互衬托，通过对青石板路的细致刻画来体现村落建设就地取材的思想，以河边石板路为主题表现村落的祥和与安静的画面意境。

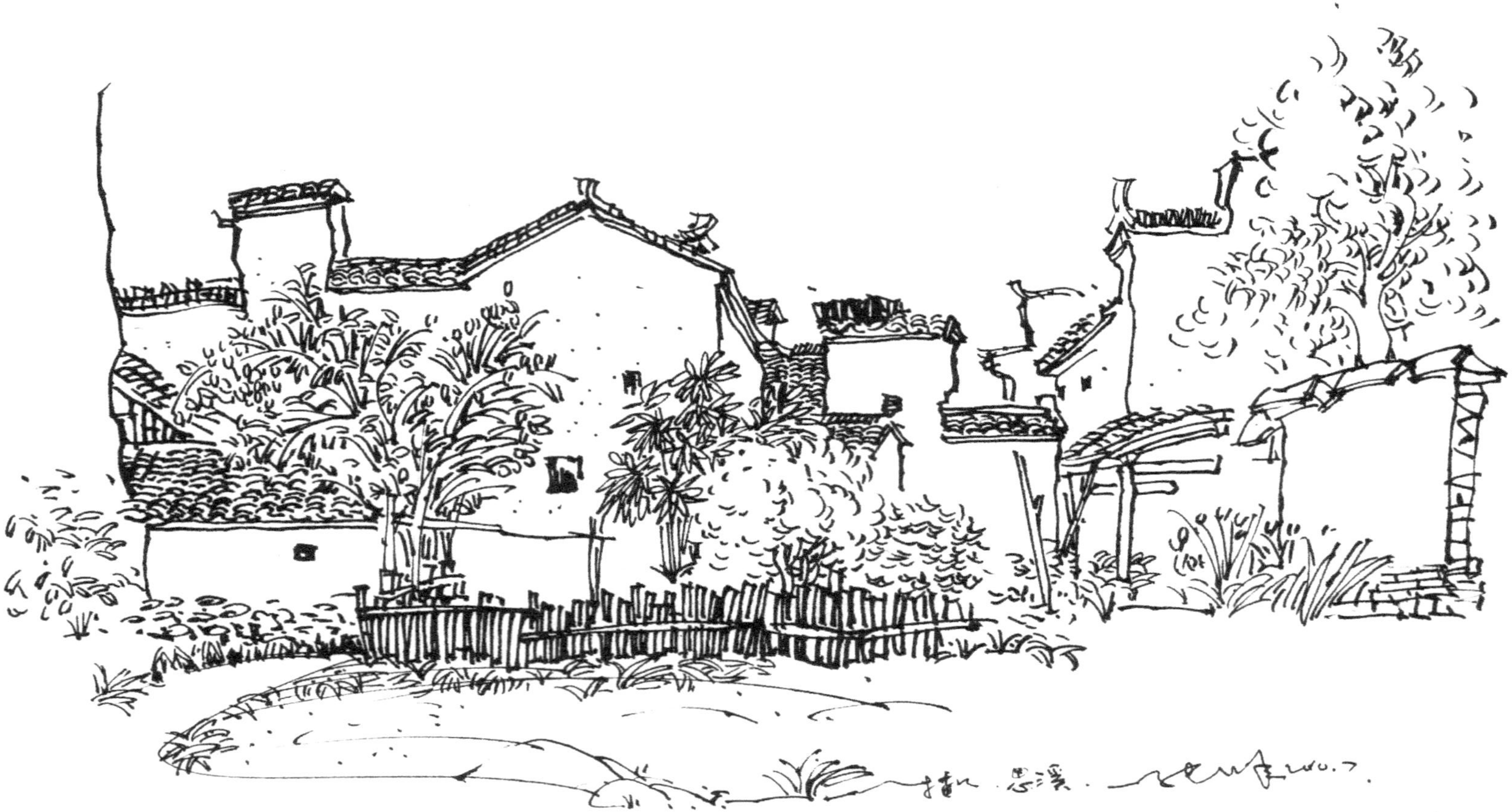

图 3.5　思口村头

在婺源思口村头，把作前景的菜地虚化，篱笆掩映留口的曲径入村而去。通过对建筑和植物的刻画，表现出村头场景。

图 3.6 河边绣楼

图 3.7　陀川河东村

通过对植物和流水的详细刻画来表现建筑意境。墙面留白，屋顶与植物为黑，流水为灰，且疏处有密，密处有疏，画面黑白布局富有节奏感。

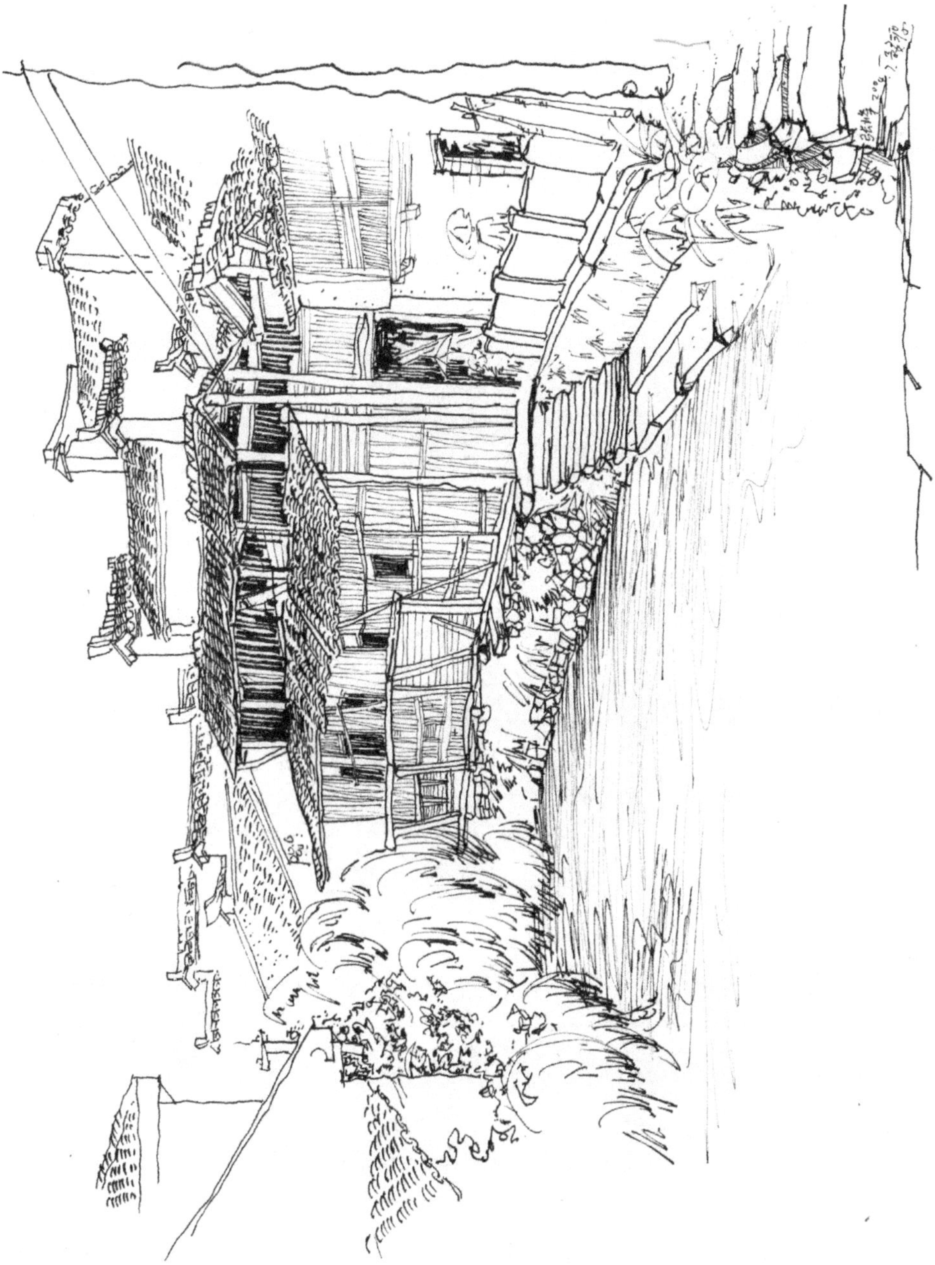

图 3.8 陀川木街楼

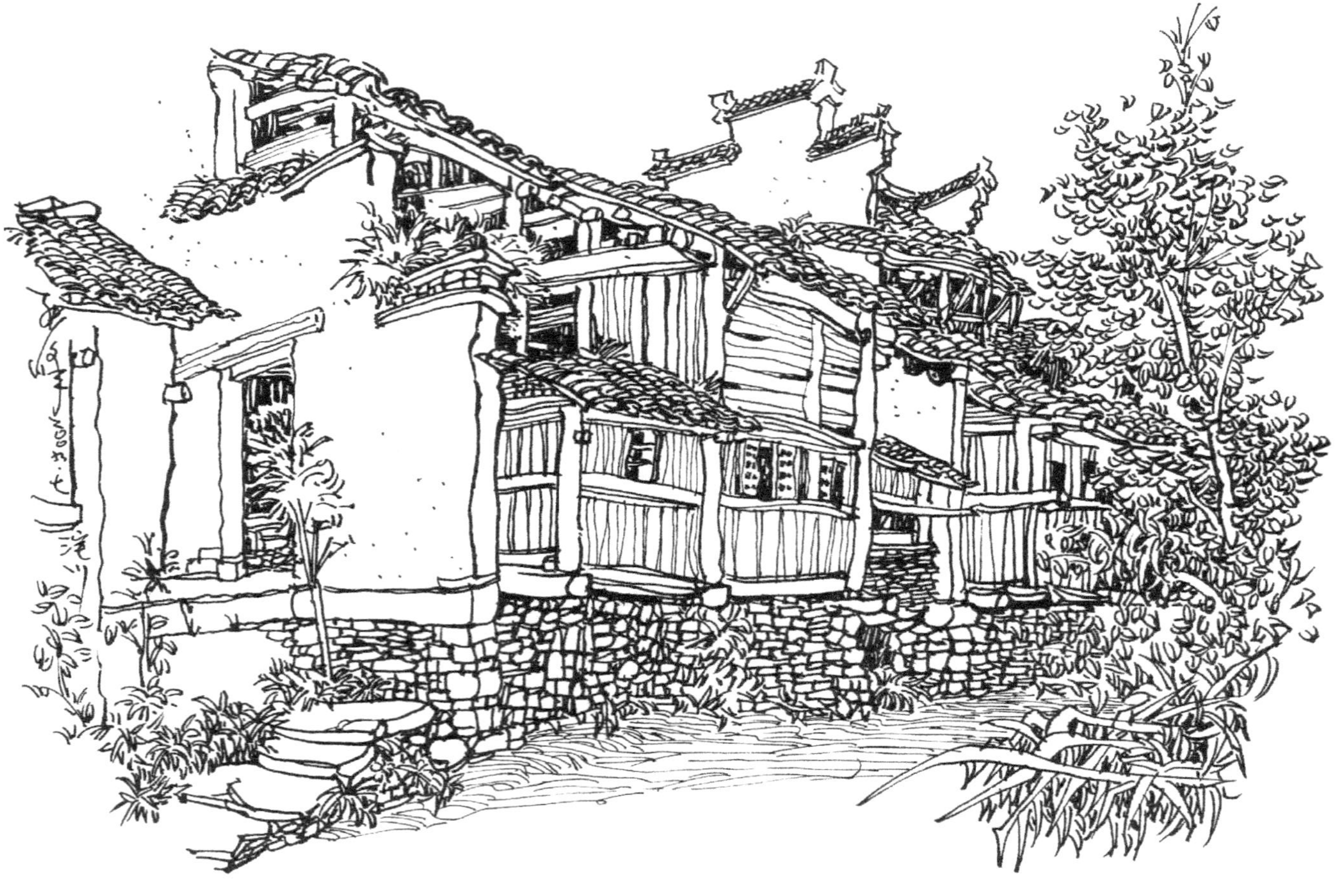

图 3.9　陀川老街

婺源陀川的一条沿河而建的木构老街，长满青苔的砖石支撑着木柱与板壁，屋顶的瓦缝伸出了一些枝丫，富有情趣，很适合钢笔速写。用植物做前景，并描绘仔细，墙壁留白，木构部分深入刻画，窗洞和门洞点黑，展示了极富生活情趣的陀川老街。

图 3.10　小桥流水人家 1

婺源理坑沿河两岸民居，俨然一幅小桥流水人家画卷。画面通过对流水、植物、小桥的刻画来表现此村落的人居环境。理学故里建宅常有“宅以形势为骨体，以泉水为血脉，以土地为皮肉，以草木为毛发，以屋舍为衣服，以门户为衬带，若得如斯是俨雅，乃为上吉”的说法。《宅经》之观念，形象地表达了徽州传统民居环境的生态思想。

图 3.11　小桥流水人家 2

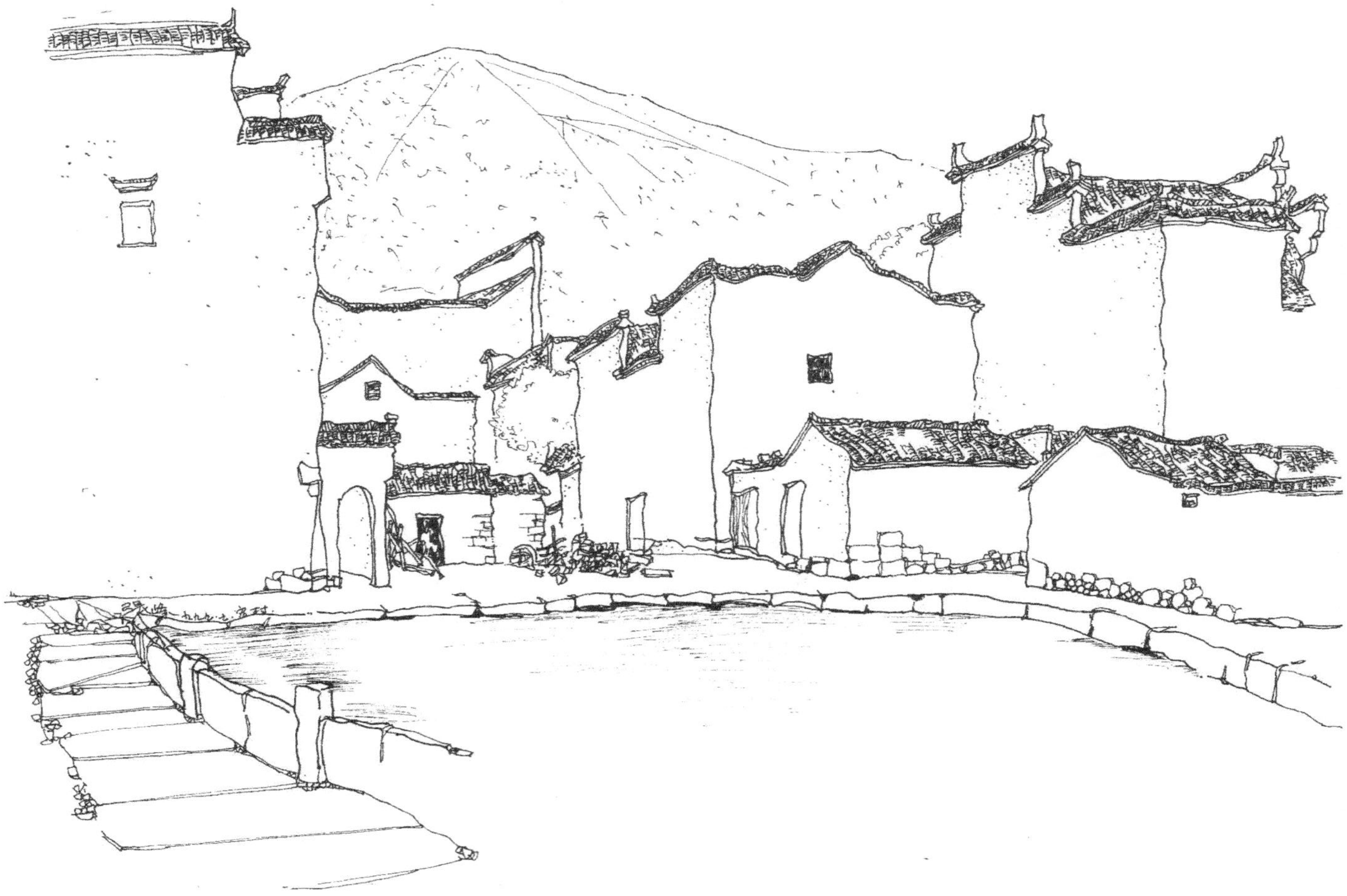

图 3.12　宏村月沼

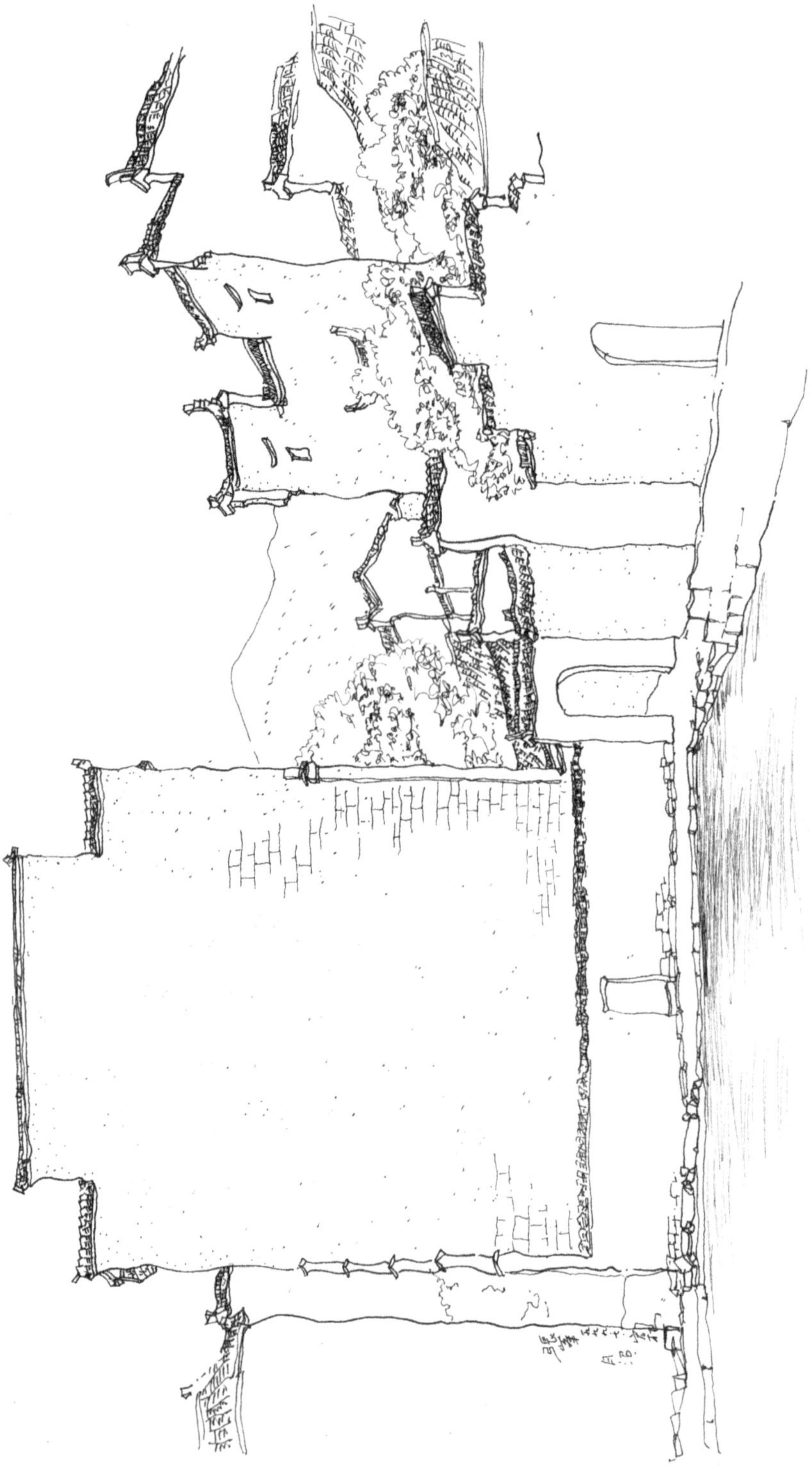

图 3.13 月塘边上

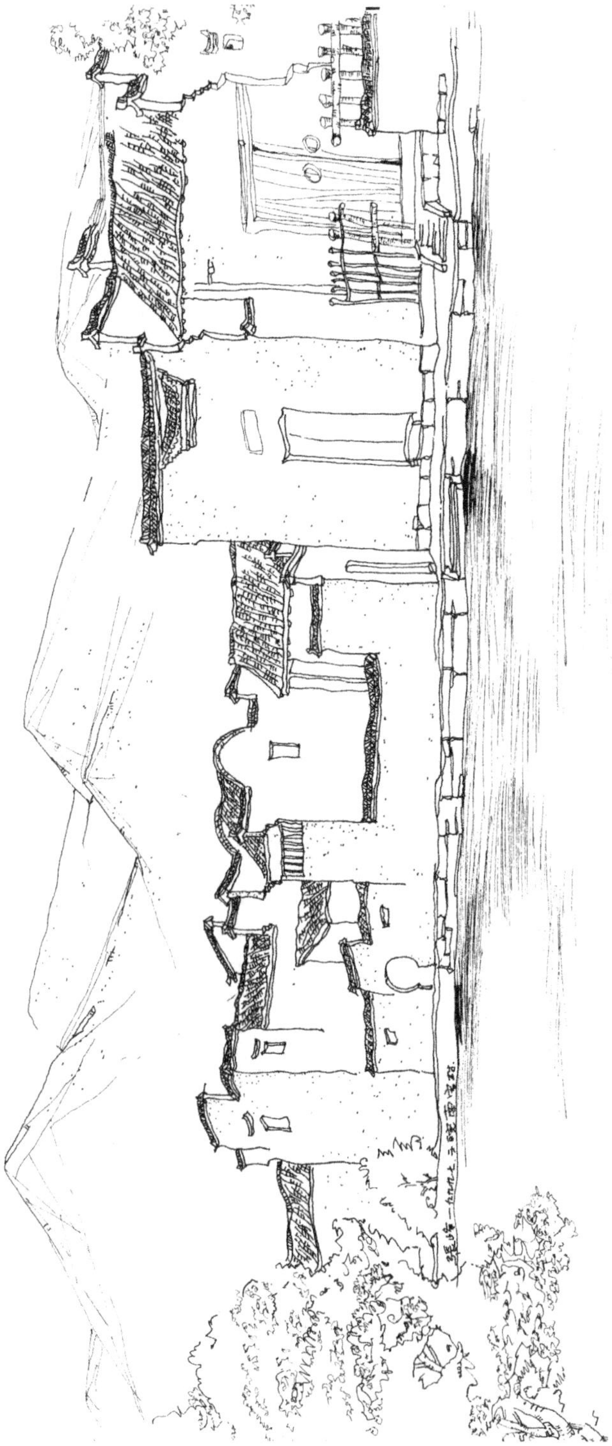

图 3.14 宏村南湖

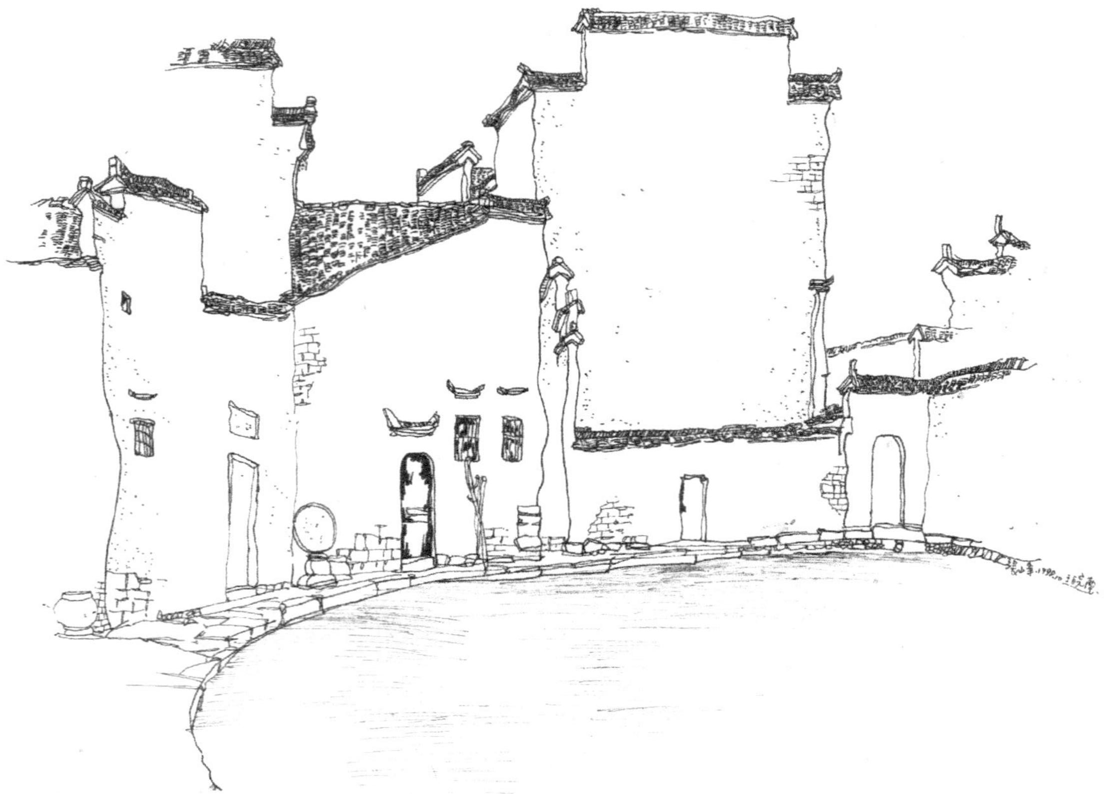

图 3.15　宏村南湖

黟县宏村月塘的写生稿，画面用笔简练，墙面大面留白，屋顶画黑，线条轻松随意，体现出深山古村的恬静与安详。该村落傍溪依山，立村选址，引水入村，人工修筑月塘，家家户户引水入宅形成水院，形成了完整而又较科学的聚落水系。

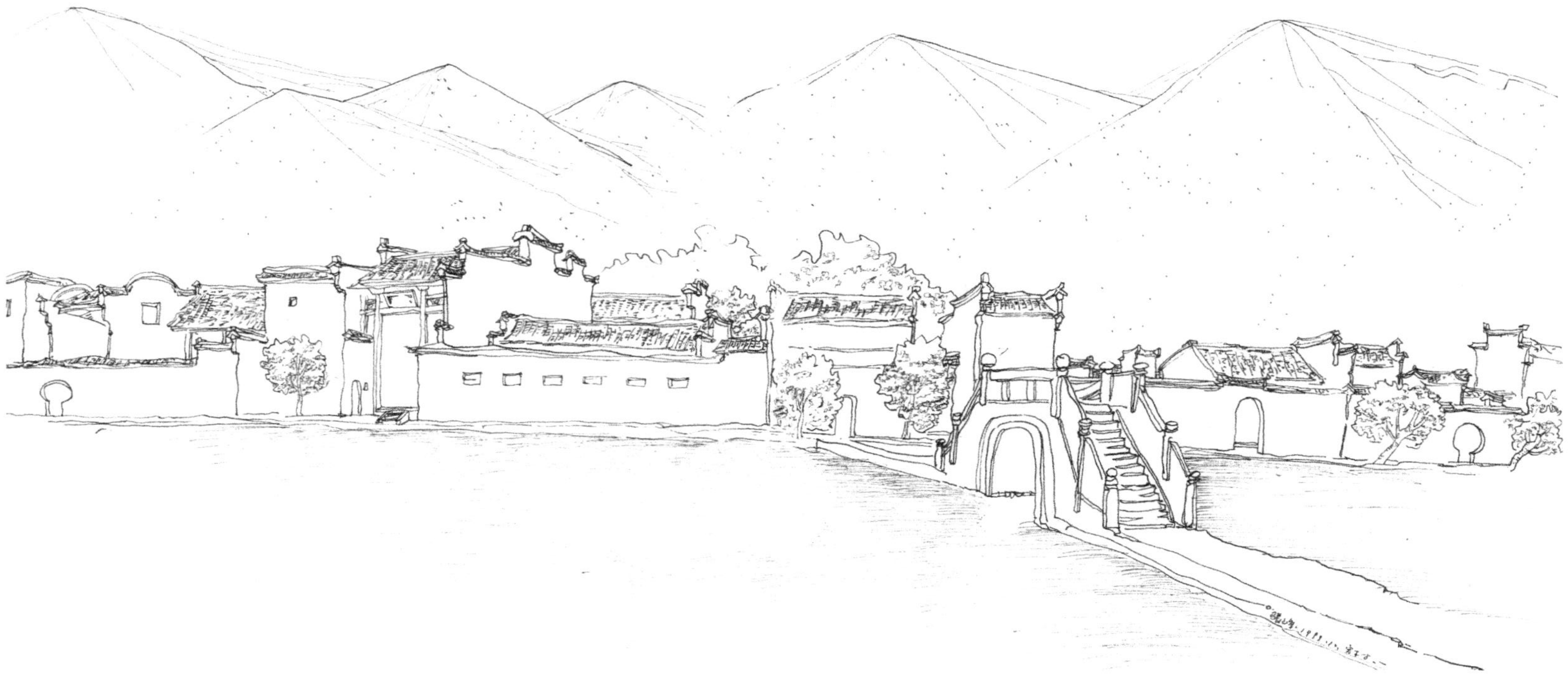

图 3.16 南湖画桥

宏村水圳引溪入村，九曲十弯绕宅院或穿宅而过，经村中“月沼”注入南湖。这种独特的水系设计，使得家家门前有清泉。不仅解决了宏村消防用水，而且能适度调节小气候，为生产和生活带来了极大的便利。

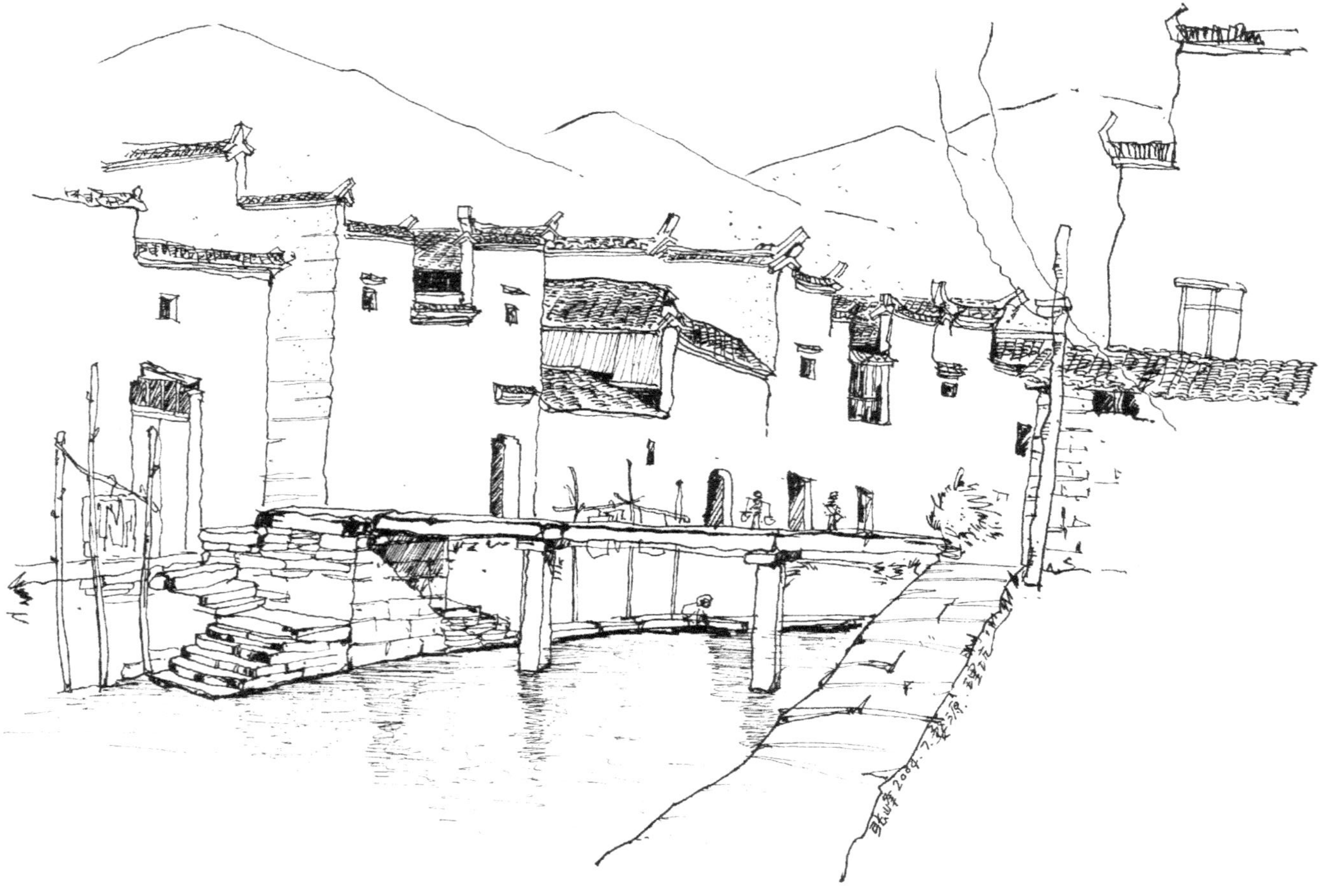

图 3.17　婺源理坑

徽州传统民居村落一般选择傍水和跨水而建，为体现深山老宅之宁静。线条组织沉稳，大面留白，局部刻画，以疏密、曲直、虚实变化表现出形体和空间感。

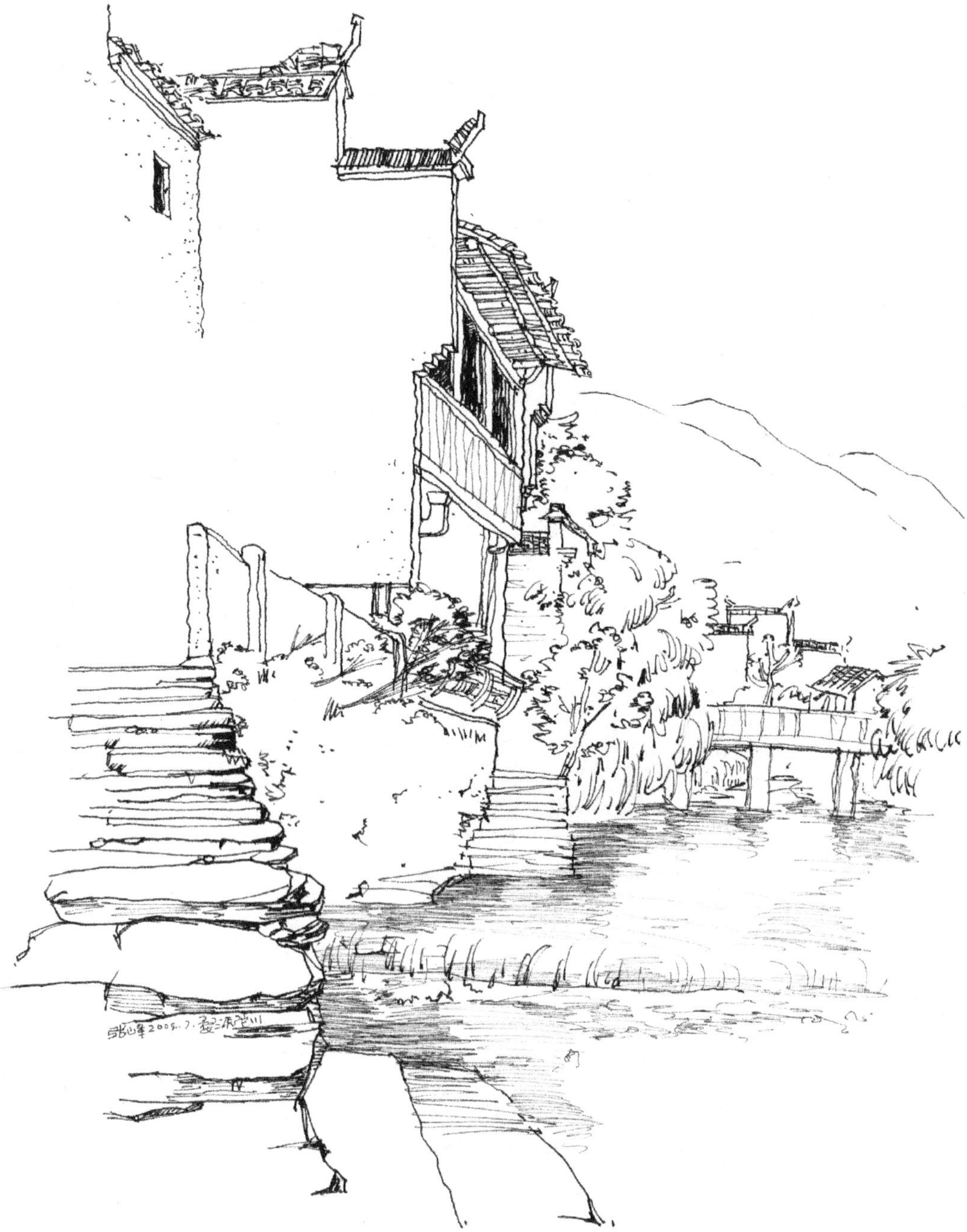

图 3.18 清流岸边

这是婺源县陀川河东村的一座老宅，傍溪流而建，门前有美人靠，倚之静听泉流叮咚，富有文气。徽人在住宅内部空间常以诗文、匾额点题，梁柱上的对联等反映儒雅文士情节。还通过造景、借景、框景等手段，融汇自然的“乐山”、“乐水”的儒家思想。

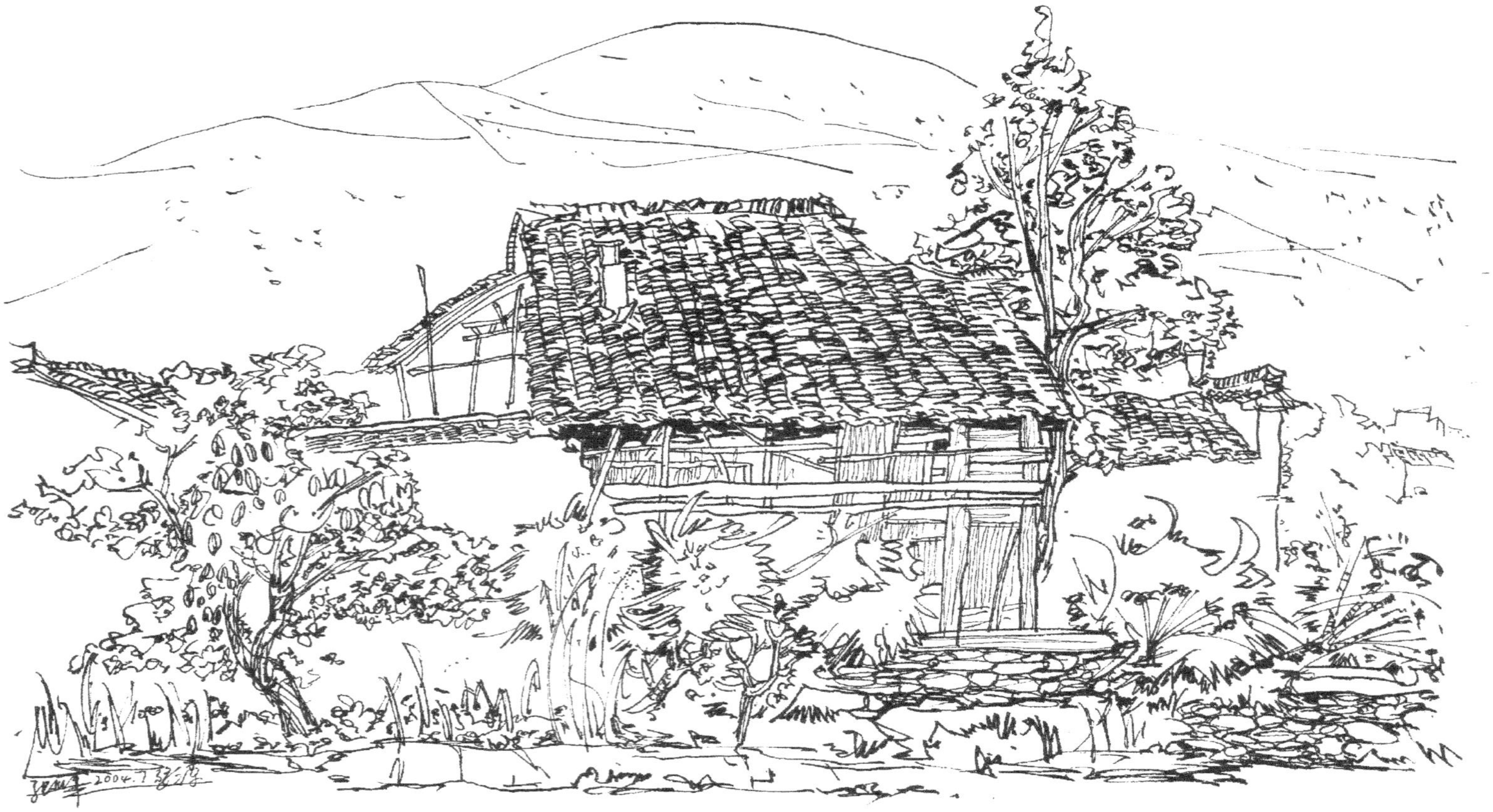

图 3.19　乡村老宅

理坑村头溪边的一座残破老宅，木构屋身，败瓦覆顶，残垣断墙，形态丰富。用线条随意勾勒，画面元素前、后、左、右、中布局秩序井然，并且轻松自然。

图 3.20　沿河人家

画面用简练的线条描绘对象，空灵之中不乏内容，青石板路与两边的小石子和石栏板把视线聚焦在马头墙下的门洞，使之成为主景。远山、对岸的建筑、河边植物为配景，并且层次分明丰富。

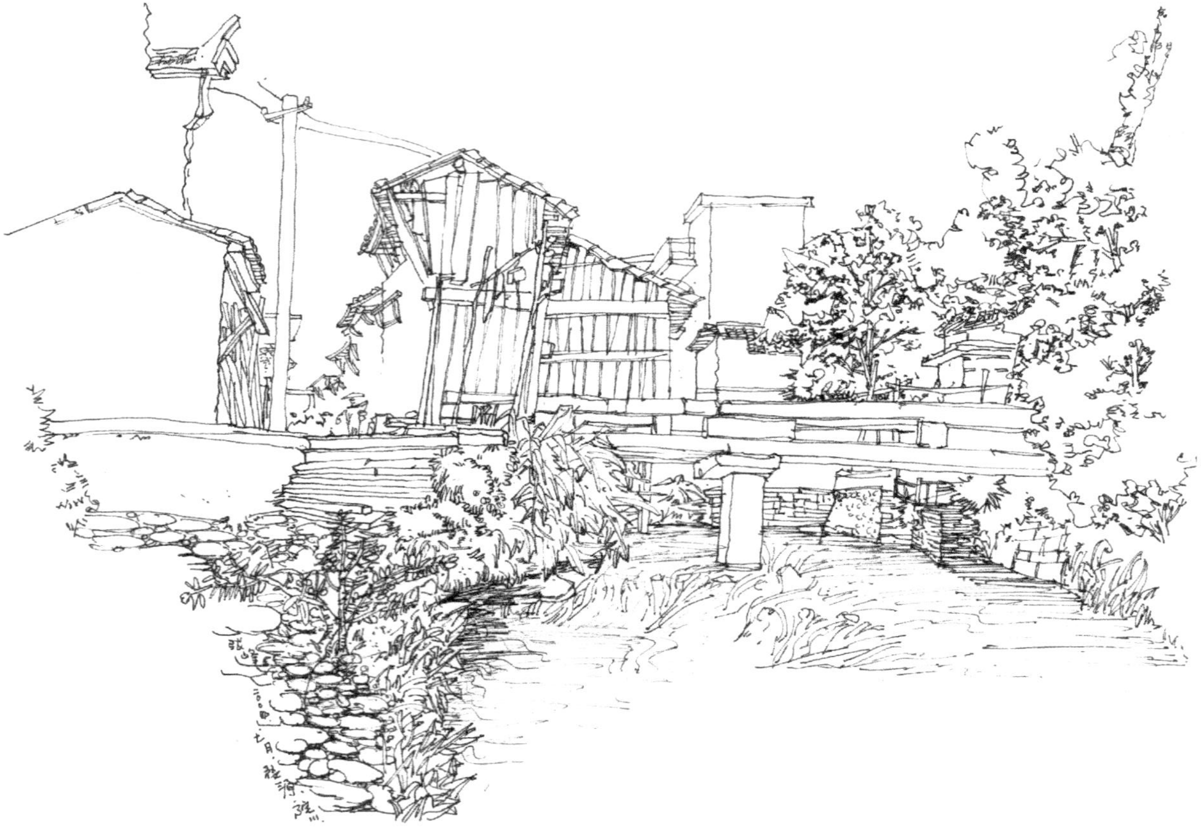

图 3.21　桥边老街

详细刻画近景的水、石头和植物，周围虚化，衬出桥边老街的木板壁，街巷计白当黑，寥寥几笔，依旧有人头攒动的景象。

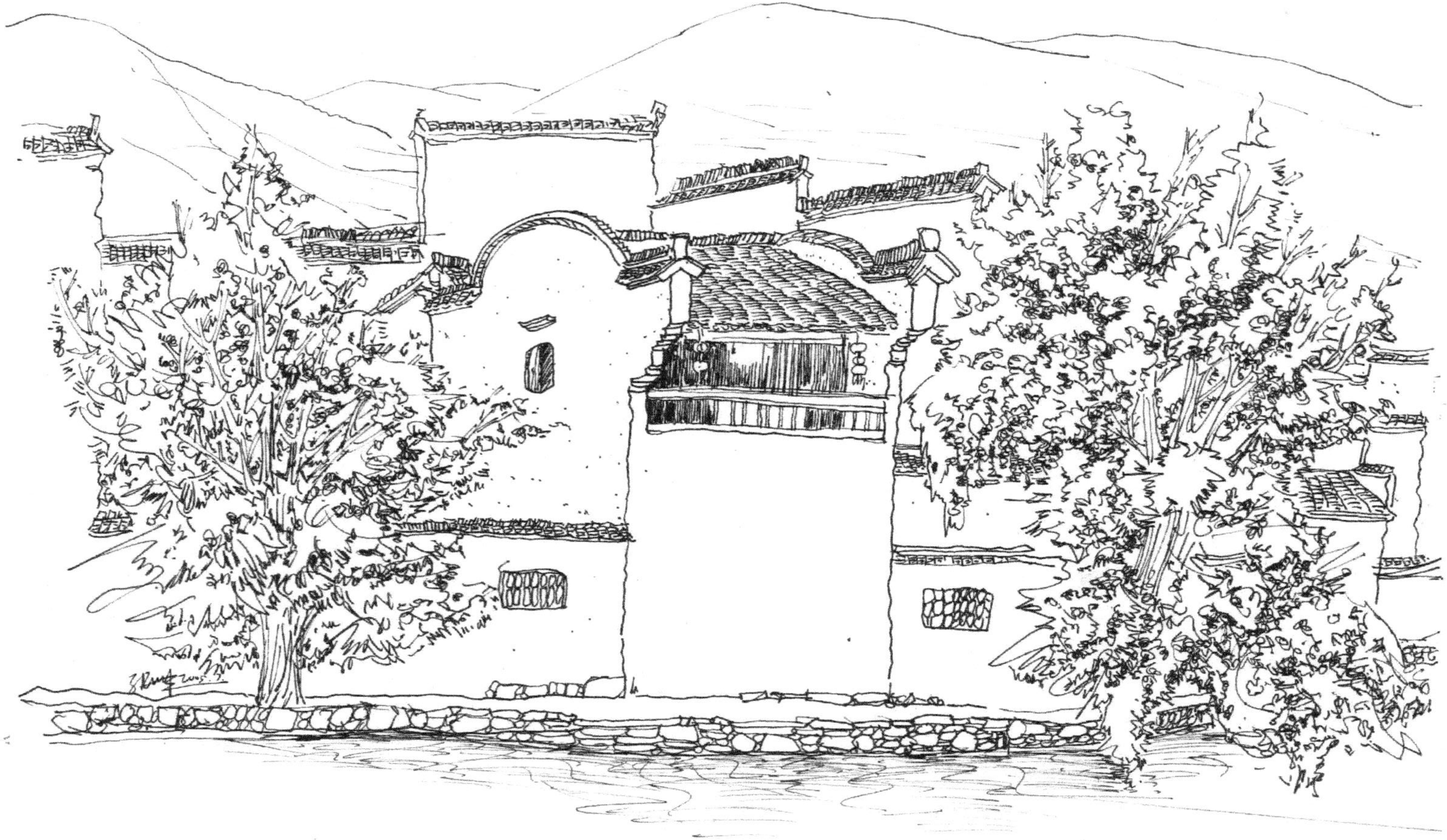

图 3.22　南湖茶楼

左右两棵树框住南湖茶楼，墙壁留白，唯独屋顶与室内点黑，形成鲜明的视觉对比，使得画面主景突出。

图 3.23　黟县小山村

中景部分以树、院墙、建筑高低起伏布局，远景山脉用虚实变化的线条勾勒出其体积，使中景建筑和远景山脉紧密联系，表现出山村的特征。近景是山脚下平整的稻田，不着笔墨，使其有空远之感。

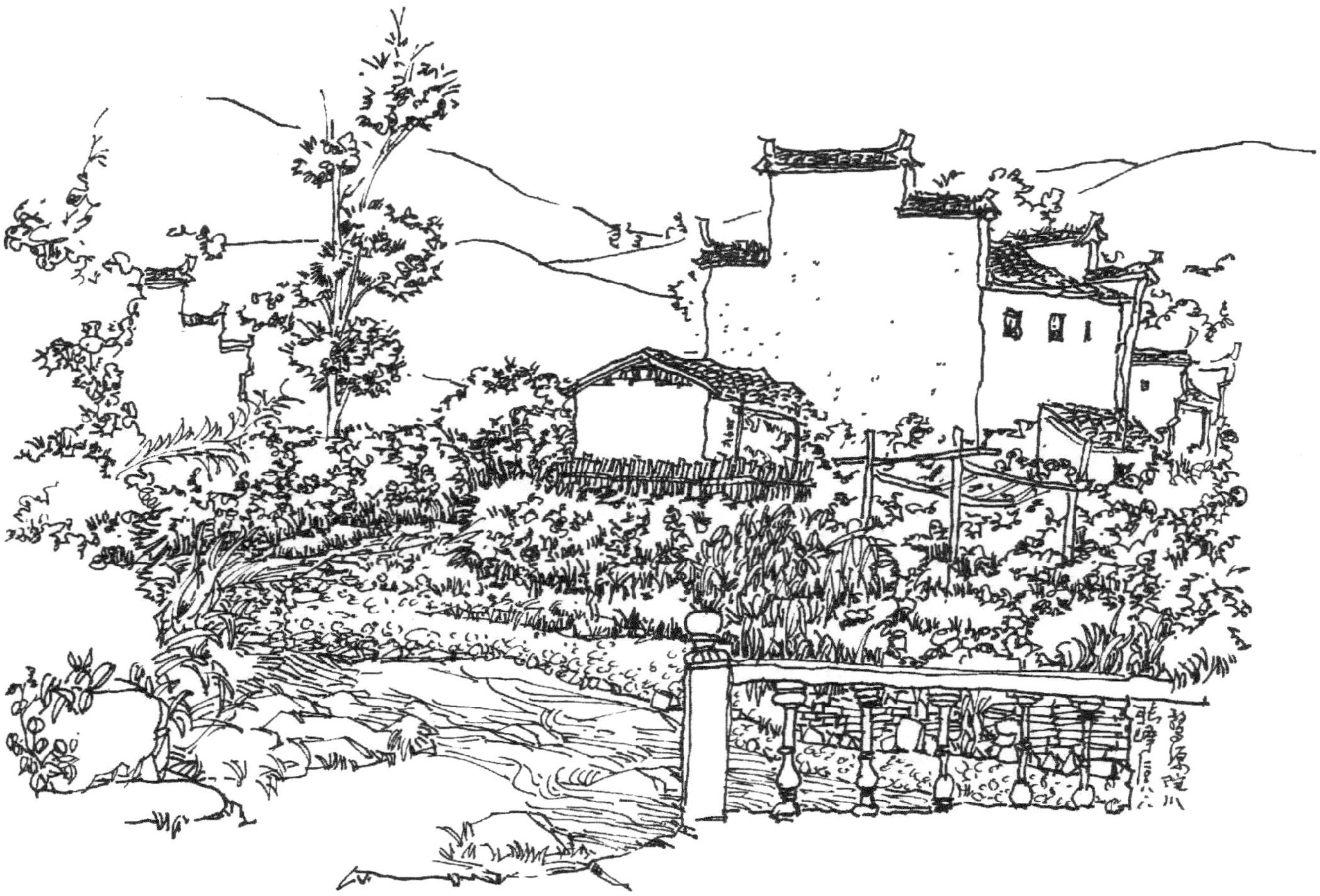

图 3.24　水涨河东村

雨后清晨，河水上涨，用疏密变化的曲线来表现流水，其间还穿插石头。前景是桥的栏杆，远景是建筑，左右两边是植物，突出河东村河水上涨的景象。

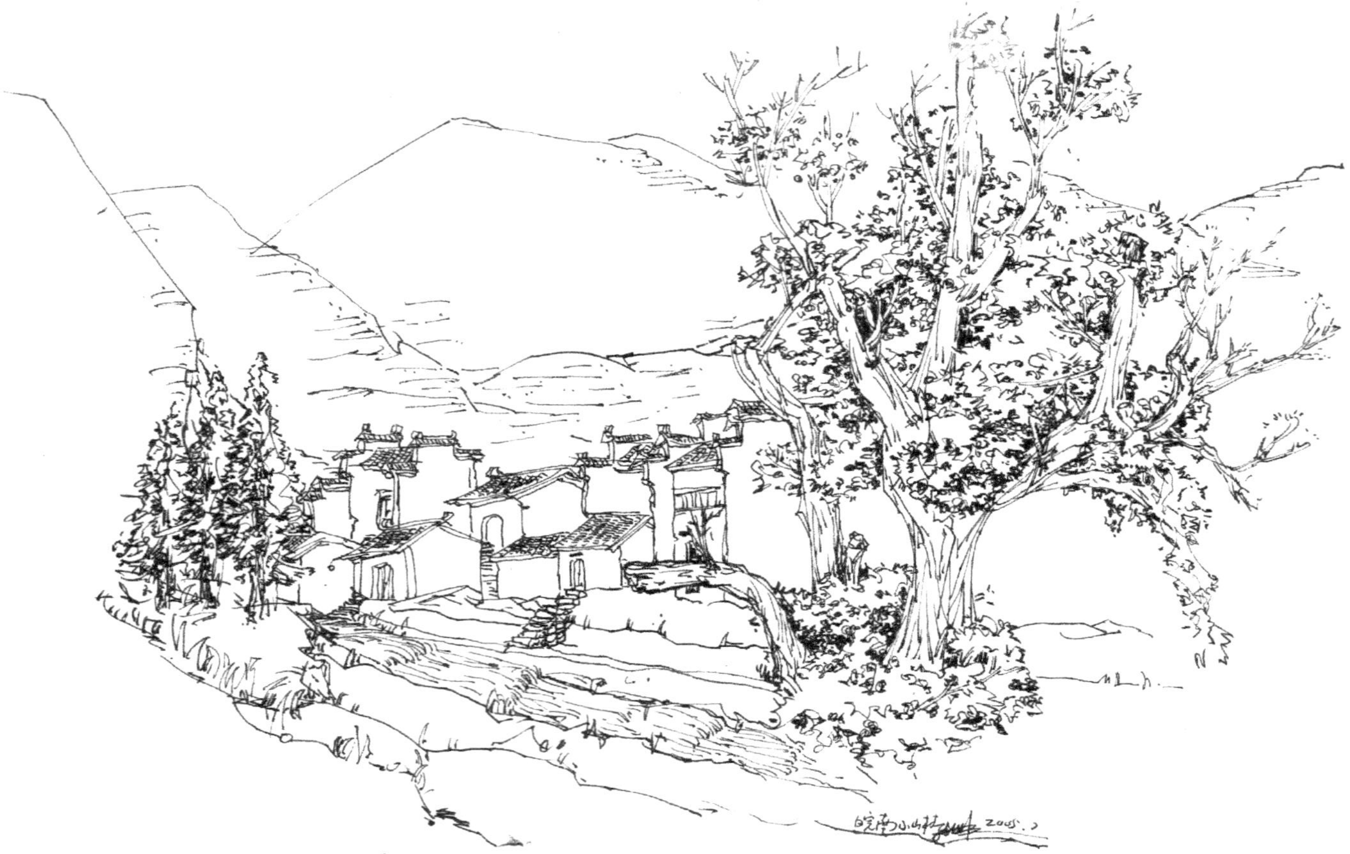

图 3.25　依山傍水

徽州传统民居聚落地的选址上，“负阴抱阳”、“背山面水”。从整体上利用了自然资源，使整个居住环境享受到充沛的日照，回避了寒风，减轻了潮湿。

图 3.26 芦村小河

用轻松随意的线条勾勒出芦村小景，建筑的线条不一定要画直，可以用随性的曲线表达景物，同样可达到生动丰富的画面效果。

图 3.27　屏山老街

建筑在左边作主景有详细的刻画，且用植物相衬，以增添情趣。老街巷用笔不多，曲折萦回相互掩映，使画面富于意境。

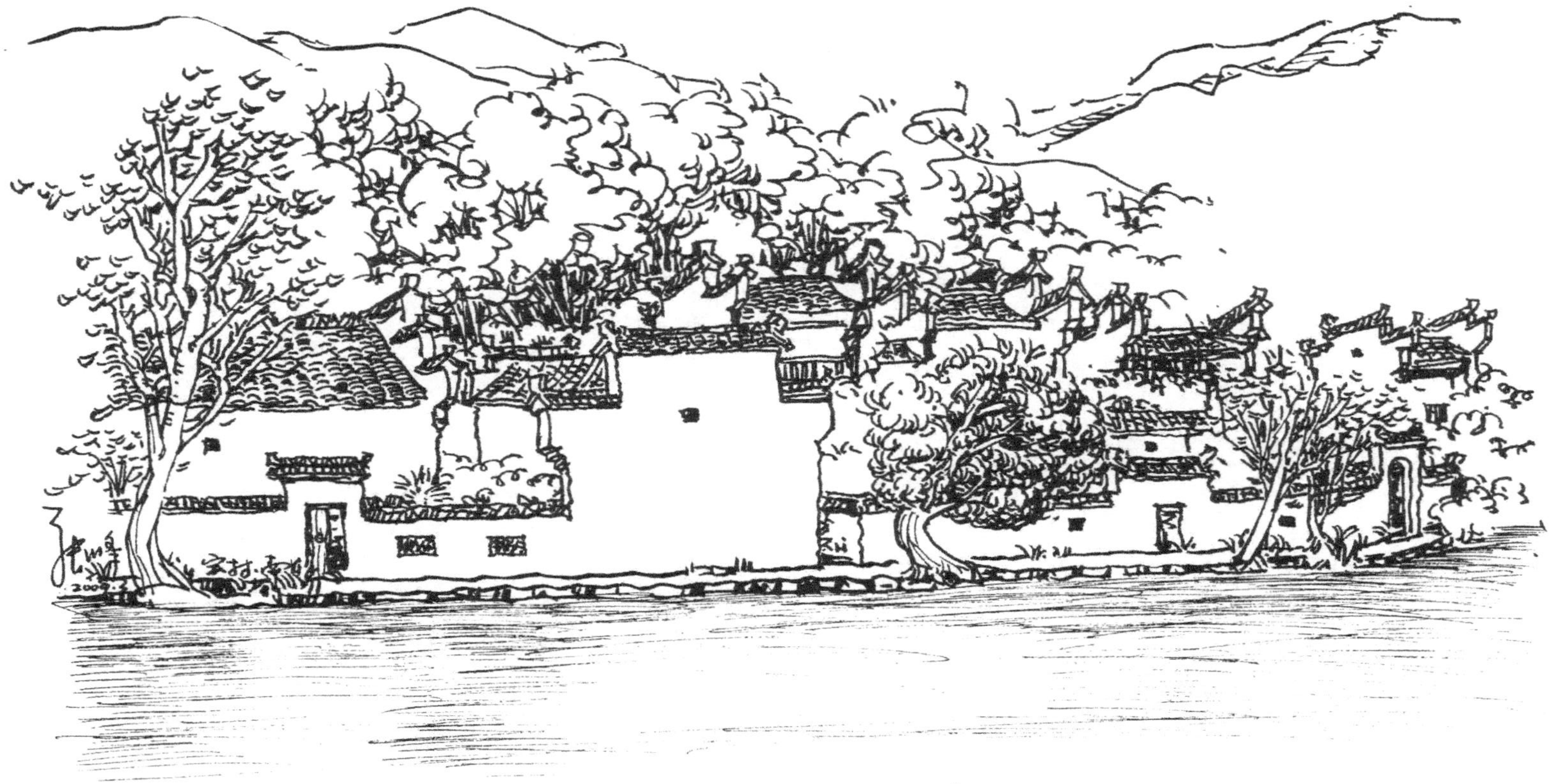

图 3.28　春来南湖

三月宏村南湖，后山花木灿烂，用多变的曲线表现，形成疏密对比，以衬出建筑白墙。湖边小径留白处理，迂回穿插，使画面有细节更耐看。

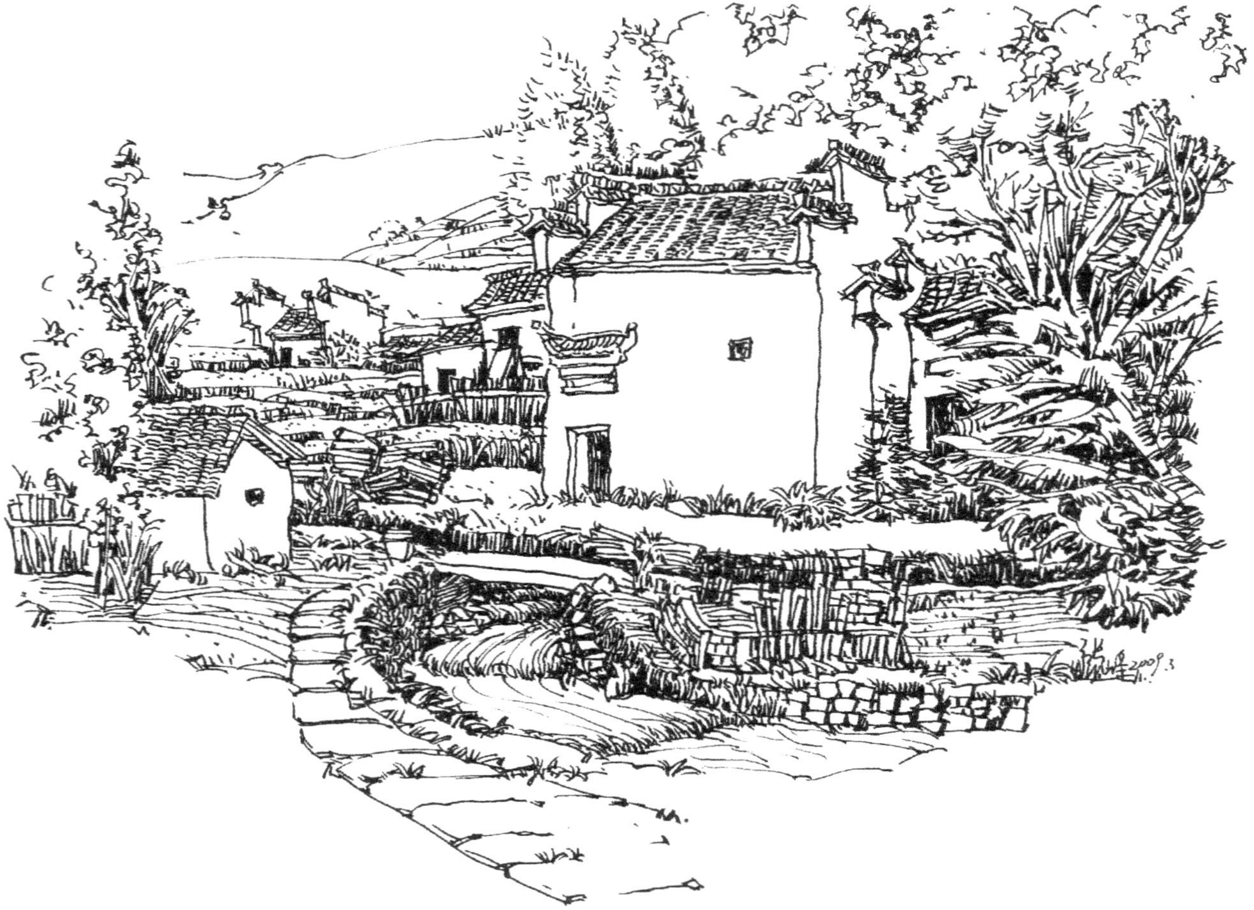

图 3.29　山野乡村

黟县竹海入口边的小山村，画面用笔泼辣，远处的山景层次刻画丰富，能突出画面主景作用。

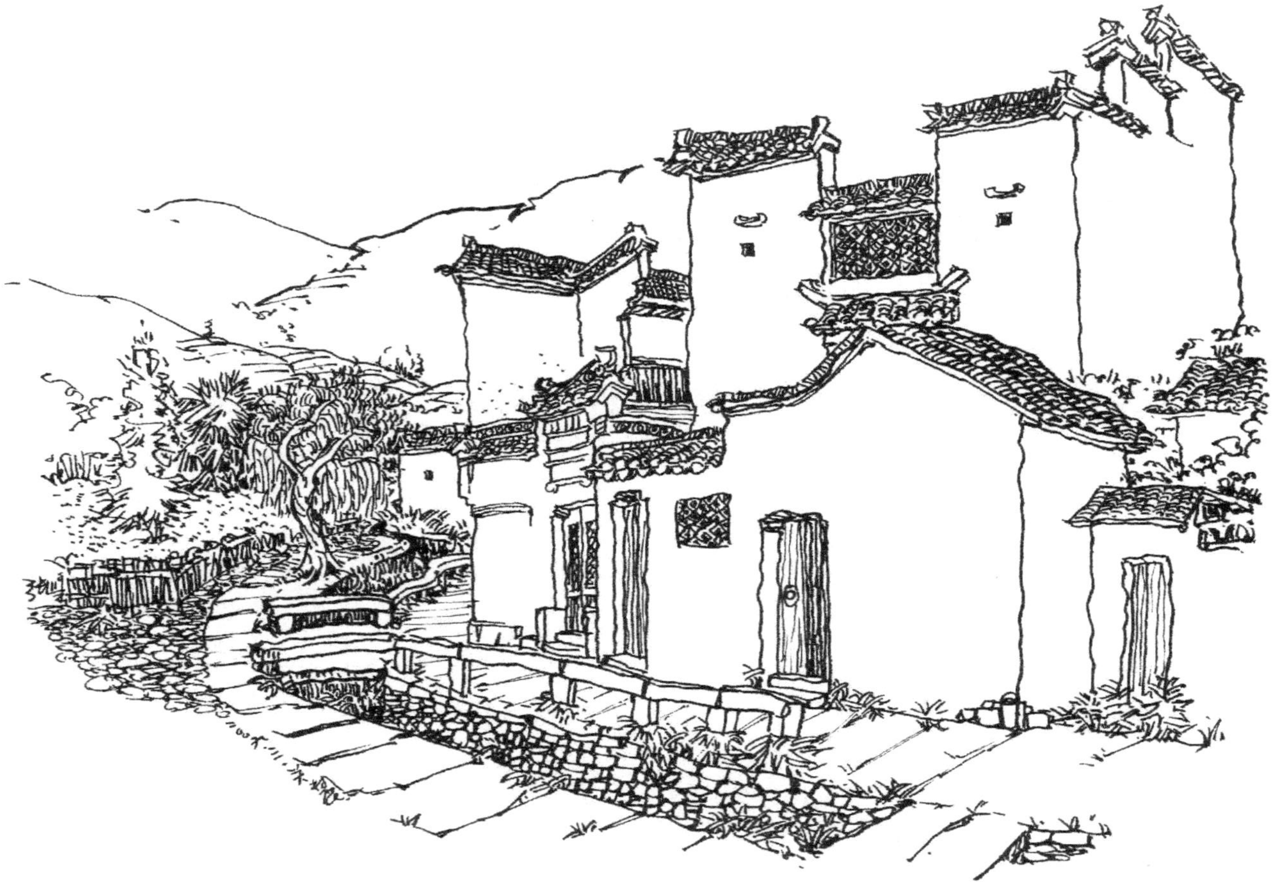

图 3.30　关麓民居

远景的山和植物精细地刻画，以衬托留白的石板路和沟壑。对建筑用笔不多，画出其体量，把关麓民居枕山环水的特征描绘出来。

图 3.31　屏山老街

屏山老街是立在叠石堆砌的老宅，也有“美人靠”扶栏倚在小河岸边，用线条疏密互衬的手法表现景物，以石板路为前景，留白建筑为远景，主景前后用植物穿插，使得画面生动丰富。

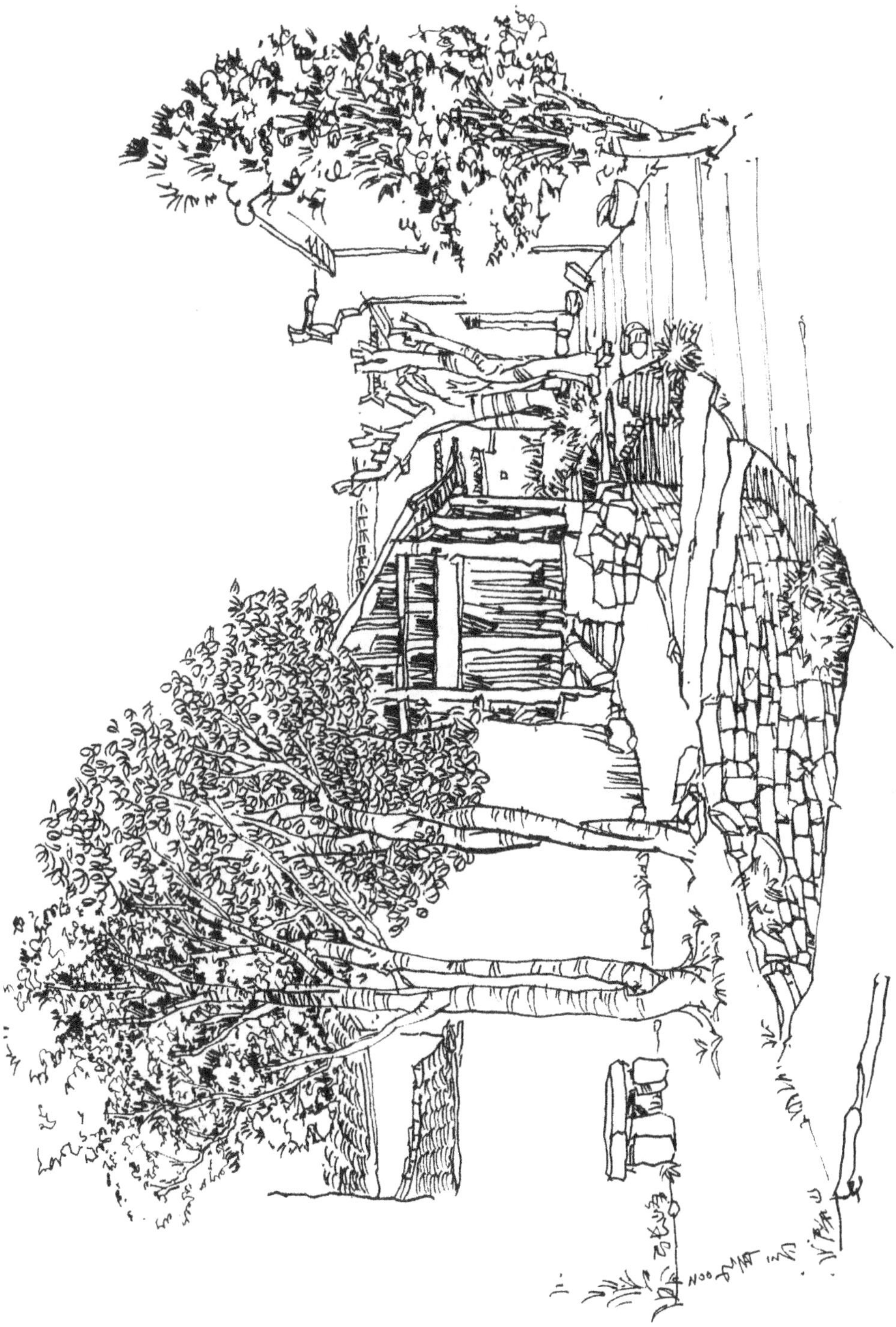

图 3.32 屏山老街

图 3.33　南屏村巷

这是南屏村一处不起眼的村巷，通过概括提炼，对青石板路和沟壑进行精细地刻画，对远景建筑留白虚化。经过整理后，还原了整洁自然的风貌。

图 3.34　响水屏山街

重点刻画视觉中心的植物和水流，抓住流水和枝叶的形态特征深入刻画，周围建筑寥寥数笔画出轮廓，以此来衬托中心主景，表现出依河而建的屏山街景。

图 3.35　山林人居

徽州民居聚落，都是依山建村，尽量不占或者少占耕地。村落建筑密集，街巷狭小，提倡少占地、建小屋。保土地成为民风，以“宅大人少”“宅地多屋少”为“虚”。“令人虚耗”的不吉利成为徽州传统民居风水禁忌。

图 3.36　掩映思溪老街

用轻松随意的简练线条画出茂林，老街建筑虽隐藏在后，但刻画深入，使画面有细节而耐看，流水用曲线轻松画出倒影。以建筑、流水密的线条和植物疏的线条相互衬托，形成强烈的黑白对比，表现了画面主题意境。

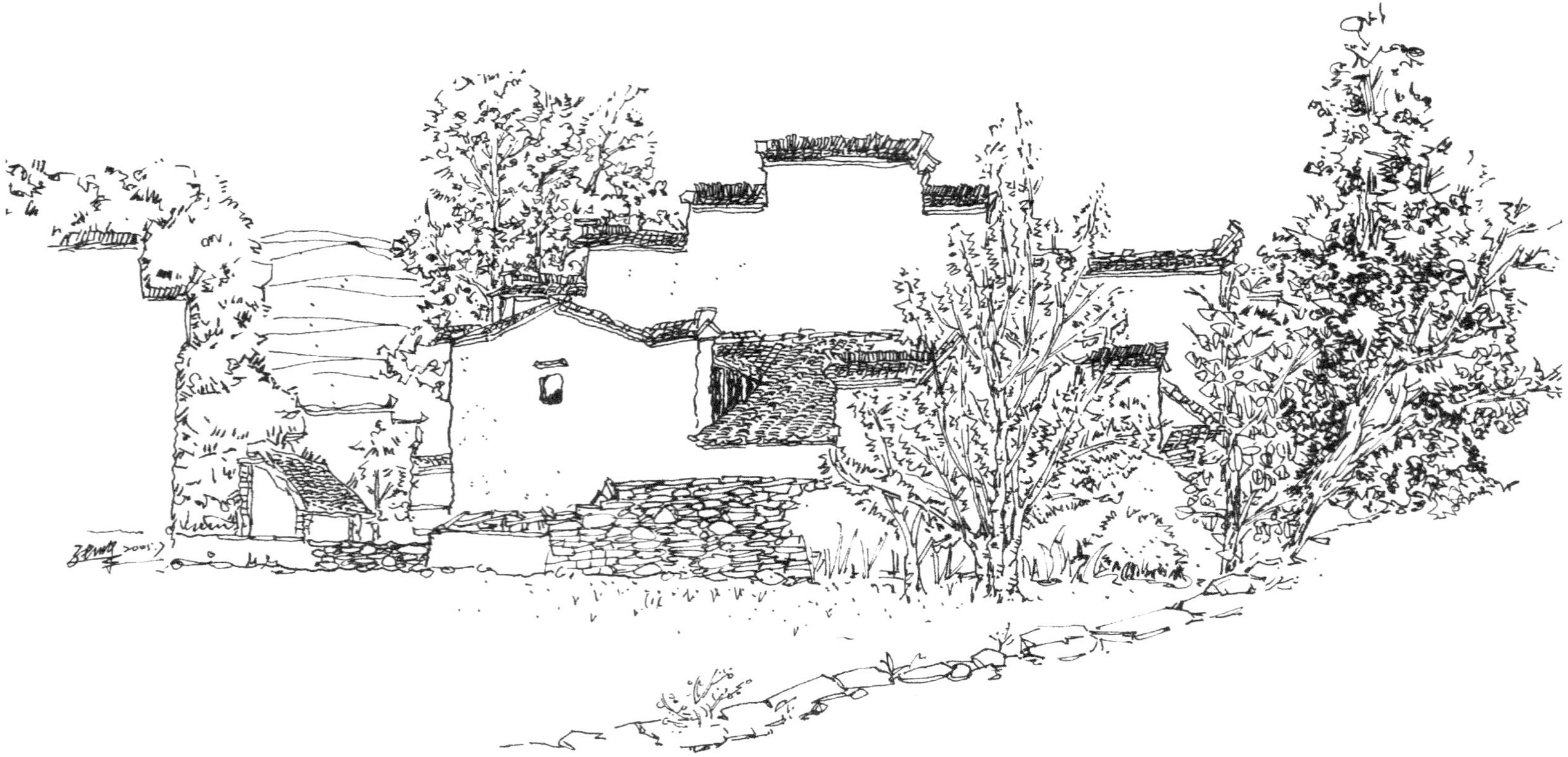

图 3.37　傍田而居

把远景的山与树及其掩映下的建筑刻画得较细致，并且富有层次，主景建筑墙面留白，前景植物打破主景轮廓线，形成密集线条，整幅画面以秩序的疏密互衬形成较强的节奏感。平整的稻田以“打点”技法简练刻画，主要目的在于烘托主景。

第4章　民居速写

徽州传统民居掩映在青山绿水之间，人与自然相融相谐，互为景致。以环境优美、建筑造型典雅、形制富于理性而闻世。其间透露着由巢居逐步演化成实用和审美情感合一的独特建筑美学观，具有丰富而深厚的文化内涵。

徽州传统民居外观整体性和形式美感都很强，高墙封闭、马头翘角、错落有致、粉墙黛瓦，典雅朴素。其外形饰面全为灰白基调，粉墙黛瓦，色调素雅。室内为天然色泽，不饰彩墨，简约而丰富，素雅而精致，传统儒道思想和道德规范在徽州传统民居上都有强烈的体现。其精美木雕、砖雕、石雕、细致的漏窗、简约的建筑形体、巧妙的空间处理，在民宅中表现得淋漓尽致。重风水、强雕饰、建筑的造型富于理性。徽州传统民居的色泽、体量、架构、空间，都有严谨的推敲，并与自然环境相融。初识徽州传统民居，总是被粉墙黛瓦，错落有致的马头墙打动。一户户民居由墙体围合成方形，马头墙此起彼伏、高低错落，其连续渐变、交错起伏，黑白相映、时浓时淡、时疏时密，映入眼中都是一幅幅生动的画面。

徽州传统民居粉墙黛瓦，砖石铺地，建筑为穿斗式构架承重，周边高墙围护，其建筑的承重结构与围护结构分离，可谓“墙倒屋不塌”。其建立分隔与联系的围护构件主要有外墙(包括山墙及上部具备封火功能与装饰功能的马头墙)、正立面墙和院墙。由于墙体不承重，墙体的材料不拘一格，主要有砖构、版筑、土坯和竹编等形式，围护构件充分利用地方材料。其上有显示门第的门罩、门楼。室内以板壁、隔扇等分隔，以木质为主。围合界面上的装饰有木雕、石雕和砖雕，称徽州三雕。

徽州传统民居的外墙一般不开窗或在最高层留很小的窗洞以通风，外墙抹白灰防止雨水侵蚀。地狭人稠聚族而居的徽州先民，为防止邻人失火殃及自家，以及男子经年外出经商的原因，把外墙修得高大、严实，一者为防火，二者为防盗。徽州传统民居建筑的形态特征(图 4.1～图 4.15)。

图 4.1　马头墙

马头墙是徽州传统民居建筑的标志，是山墙的延伸，其高于屋面的墙垣。因为这种墙起到防火分隔作用，也称作封火墙。其始于明弘治年间(1503 年)，徽州知府何歆到任后，见府城及诸镇地狭民稠，无尺寸间隙，发生火灾延害了无数家。从历次火灾中总结火烧连营的主要原因是无火墙防御，故曰："降灾在天，防患在人，治墙其上策也，五家为伍，壁以高垣。庶无患乎。"于是下令五家为伍，建造封火墙，高出屋面，防患火灾，违者治罪。此法执行之初，知府率同僚走街串巷，为百姓建封火墙出谋划策，向百姓讲述防火规则，晓以利害。于是百姓踊跃参与建墙，不满一年城内外所建封火墙有两千多道。各村镇每处所建不低于一千多道。不久城中又发生火灾，然而"灾不越五家而止。""民视火墙一德足以御患于千百载者"(明《徽州府志》)。

图 4.2　水榭小院

徽州传统民居中的室内空间的分隔与联系是以木墙为主体的木质隔断，有木板壁、门、窗、罩壁、博古架等。在这些木隔断上有让徽州传统民居更具魄力的木雕，木雕的图案有冰梅图、冰裂纹、历史寓言故事等，它有寓教、寓景、寓情之用。

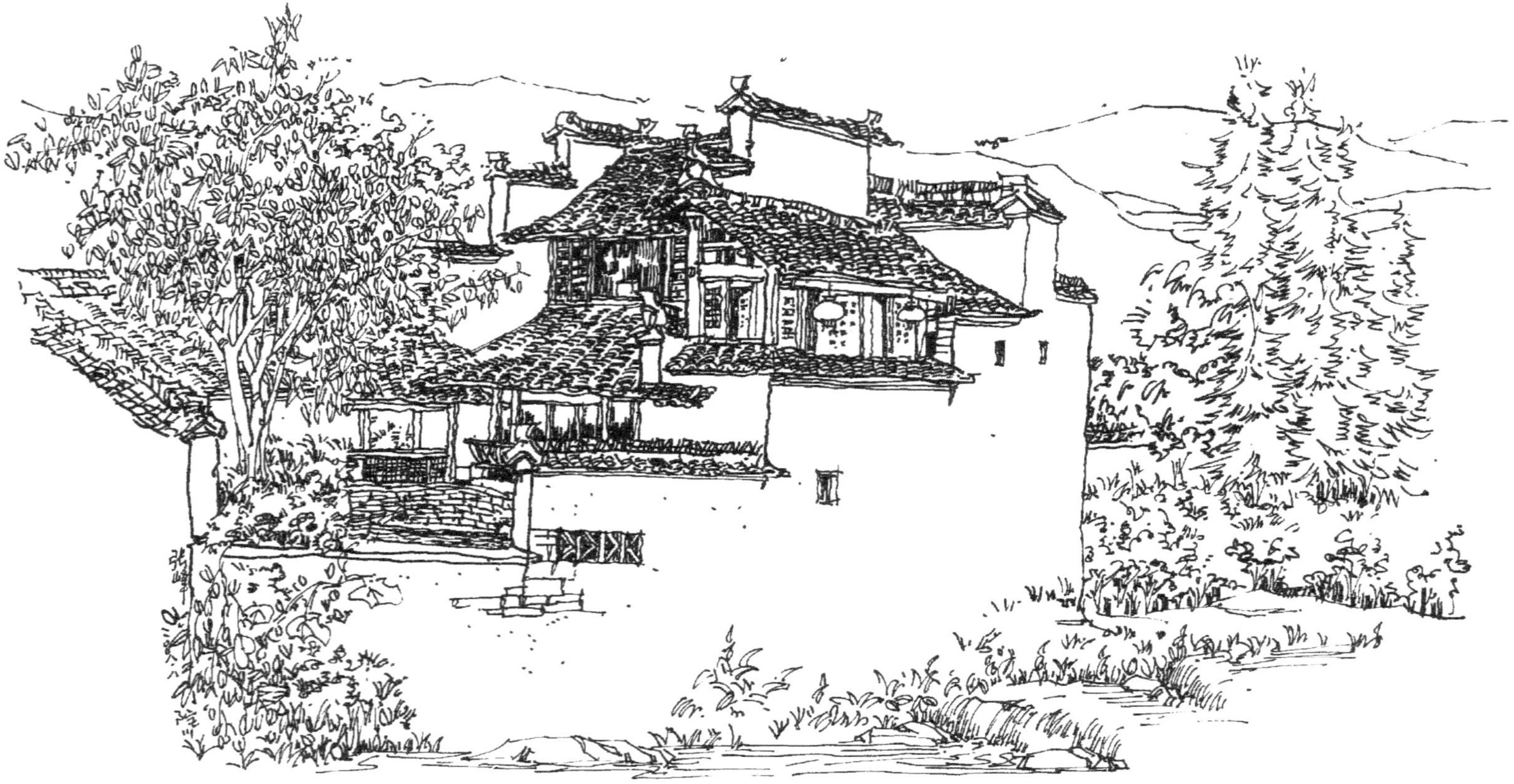

图 4.3　流水山居

在建造房屋上，其空间布局、材料和结构充分体现着节能与节约等生态思想。徽州传统民居一般以内向房屋围合天井为基本单元，以空斗砖墙围护木构架承重来建筑。徽州山多田少，为了不侵占良田，宅居一般选择田畴与山之间缓坡而建，建筑依地势随高就低布置。

图 4.4 凭栏远眺

这是婺源陀川的一座临河老宅，其体现了徽州传统民居人文环境与自然环境的结合。因“力耕所出，不足以供”，资源不丰富的徽州人提倡节俭、就地取材，以黏土、石灰、青石和杉木，修筑出简淡、精巧雅致的民居建筑。

图 4.5　路边老屋

这是荒郊一座残败的老屋，用随意的线条穿插、疏密相互衬托刻画主景，后面白墙不着过多笔墨从而与主景拉开层次。屋脚下的小草、器物破开物体轮廓线，使画面生动。外框线条笔断意联，与签名共同框出视觉中心。

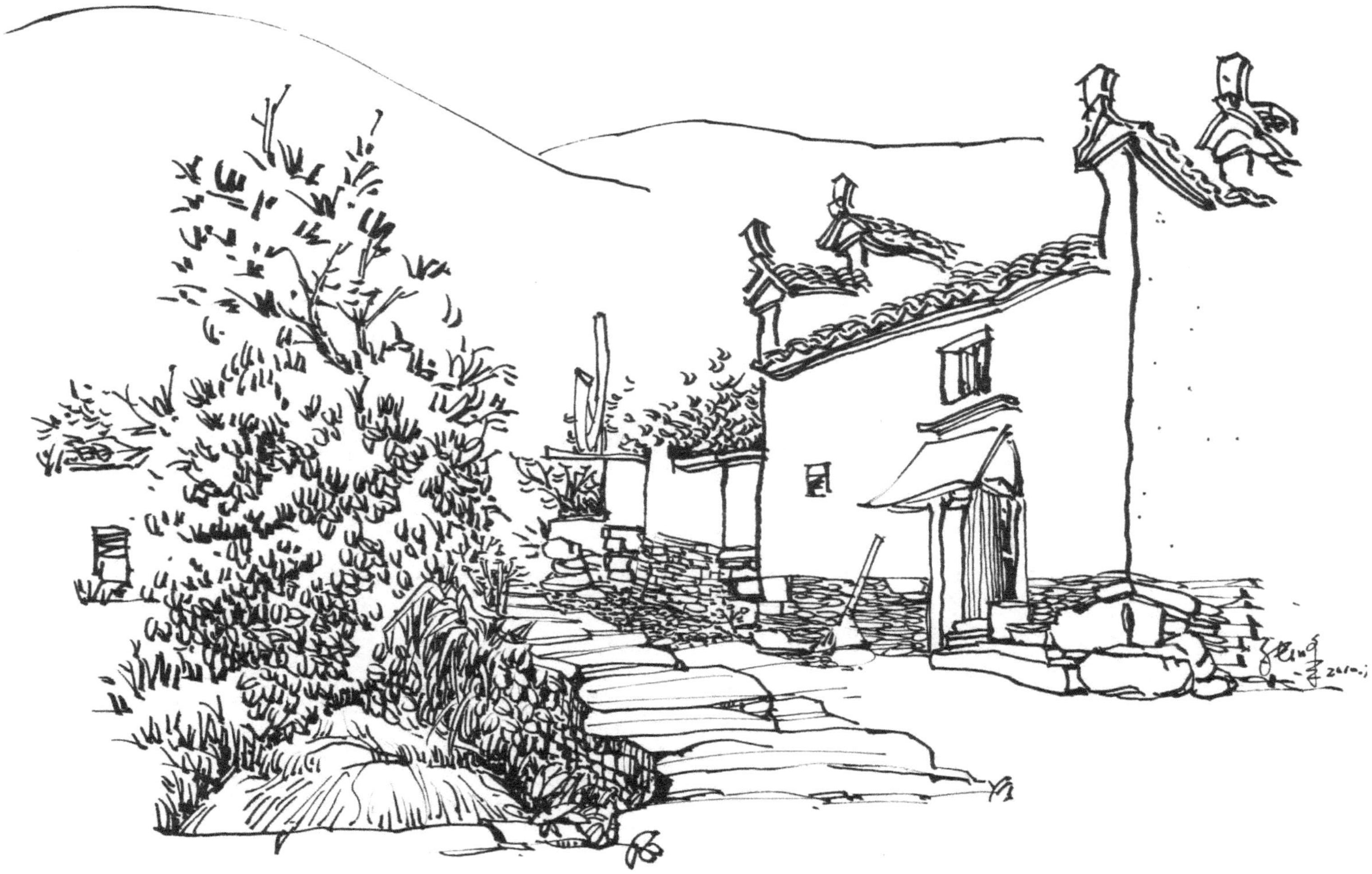

图 4.6　源头村口

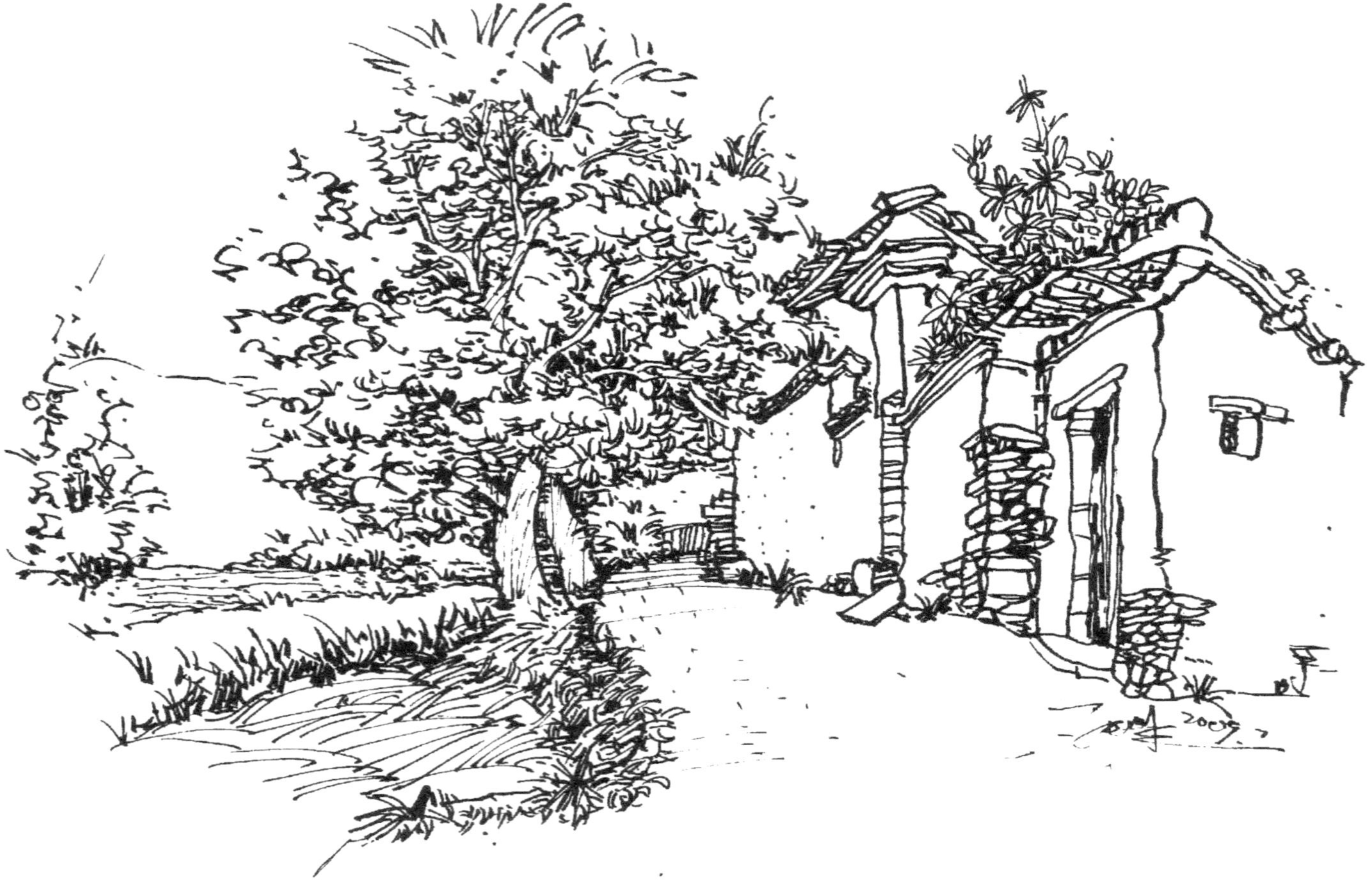

图 4.7　河西人家

这是婺源依河而建的民居，宅前枝繁叶茂，流水潺潺。画面概括取舍，秩序合理布局图形元素，使画面层次丰富，黑白互相衬托，节奏感强。

图 4.8　依山独墅

“山居”者，不占耕地，既能节约土地资源，又能使住居拥有充沛阳光、空间和绿化的环境。在徽州有“乡田有百舍之亩，地有十舍之步”之说，强调“居室地不能敞，唯寝与楼尔”（清同治重修《黟县志》）。

图 4.9　墙外小枝

画面中心是立在河边的一棵小树，形态丰富，且作为主景放在前面，中景为建筑，远景山下还有农舍。青石板路蜿蜒而去，掩映在树丛中，串联着各图形要素，使画面整体感强。

图 4.10　南屏亭楼

徽州居民开门立窗、兴建楼台，注重空间的“因借”，把夕阳、秋雨、风竹、古树，穿过矮墙、门槛、窗扇、楼头，都拢到室内来了。通过对外墙的高低变化、依势造型以及开窗洞等，运用框景、借景等空间创造手法，使建筑空间与大自然沟通汇合、融为一体。

图 4.11　菊豆药铺

这是黟县南屏村老宅，常作影视片场，有“菊豆药铺”之典型名称。该建筑门楼砖石雕刻精细，保存尚好。徽州砖石雕刻在厚度不过寸余的素砖、青石上雕刻出各种生动形象的人物故事、乐舞百戏，以及各式各样玲珑剔透的飞禽走兽和花纹图案等，把建筑装饰得流光溢彩。

图 4.12　老铺

用黑点出室内空间的深度，瓦片和木板门勾勒细致，近景和远景留白虚化，黑白灰交替布局，相互衬出形体。虽是一独立建筑，但也有层次感。

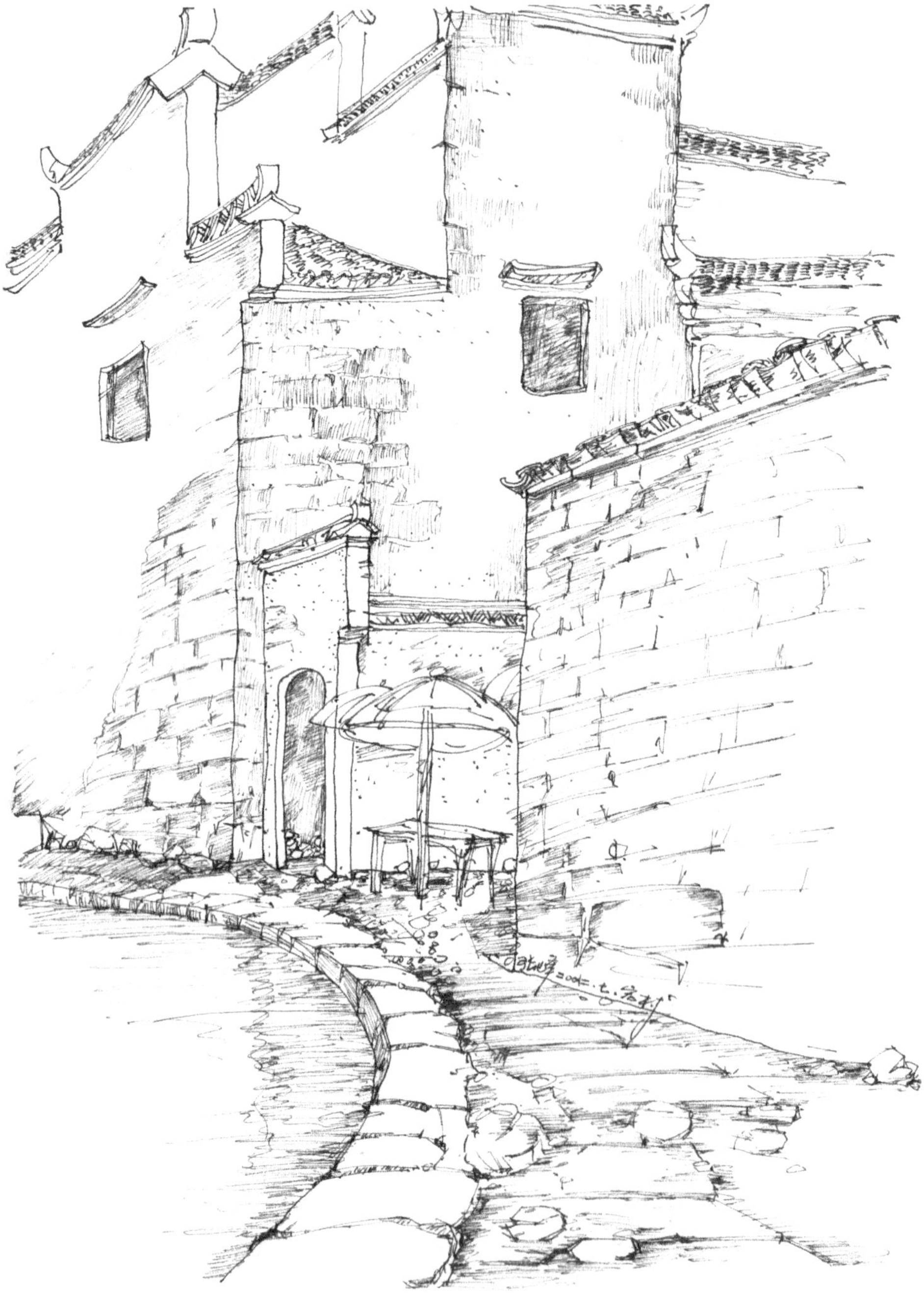

图 4.13　沧桑老宅

这是宏村月塘边上的建筑，外墙颜色清淡素雅，白墙、灰砖、青石、黑瓦这些中性色因其材质肌理使颜色层次丰富。白色墙体上的历史遗痕，色彩斑驳、丰富，呈现冷暖相交之复色和纯度的对比。徽州传统民居的黑与白、繁与简、形式与内容体现出的传统审美观，与现代简洁、以几何形态为主的构成美学相结合。

图 4.14　雷岗十三楼

茂密的树林衬托出留白的墙面，前、中、后景层次分明，体现山居恬静之意境。

图 4.15　南屏街巷

黟县南屏街巷联系着每户人家，其大门都向巷子开着。徽州有俗谚“商家门不朝南，征家门不朝北”。据风水五行说：商属金，南属火，火能克金故而不吉利。徽人大半生都出门在外，具备“商”“征”的特性，因此正门不能朝正南开。

第5章　街巷速写

走进村落街巷，高大而又封闭的墙体与幽深狭长的窄巷虚实相生，溪桥流水，余音不绝，青石巷道，溪流水圳曲折悠回。其民居建筑外墙造型简约，装饰适度，黑瓦白墙，色泽朴素自然；封闭的高墙，上开着小窗洞，与雨水淋刷的历史遗痕混和在一起，使建筑有厚重、古朴沧桑之感。马头翘角、轮廓线高矮相间。马头墙伸出屋檐，高出屋脊，错落有致，成为丰富街巷景观的主角。层层跌宕的马头墙，增添徽州民居建筑的层次和韵律感。街巷两边的墙基往往用条石垫脚，使墙有框之感，从形式和工艺感上都显得十分精致。墙面颜色以大面积白色为主，在入口门楼、门套、门楣、门罩、院墙上的漏窗等处饰以砖雕和石雕，其雕刻工艺精细，与大面白色的墙面繁简互衬、疏密有度，使墙面景观简洁又有内容、精美而又不繁缛。既与现代构成美学疏密手法相符，又与中国画“黑白布局”相合。

村镇街巷上的空间布局节奏感很强。穿村而过的水圳两旁，街巷景观步移景异，时空间场景不断转换，串连着许多小空间，让景观高潮此起彼伏，如同欣赏国画长卷。街巷布局如九宫格，在每一个交通节点上形式相似，然行走在每一段上，却有不同的交通景观，具有动的节奏感，并展示其形态特征(图 5.1～图 5.24)。

图 5.1　南屏步步高升巷

为节约用地，户与户之间的间距非常小，因而形成许多宽仅数尺的窄巷。但又为了保证住宅的私密性与安全性，外墙则设计的高大、严实，而且很少开窗或开小窗洞。在厅堂与大门之间设有天井，作为通风换气和采光口。天井与堂屋之间完全开敞，将自然纳入室内。

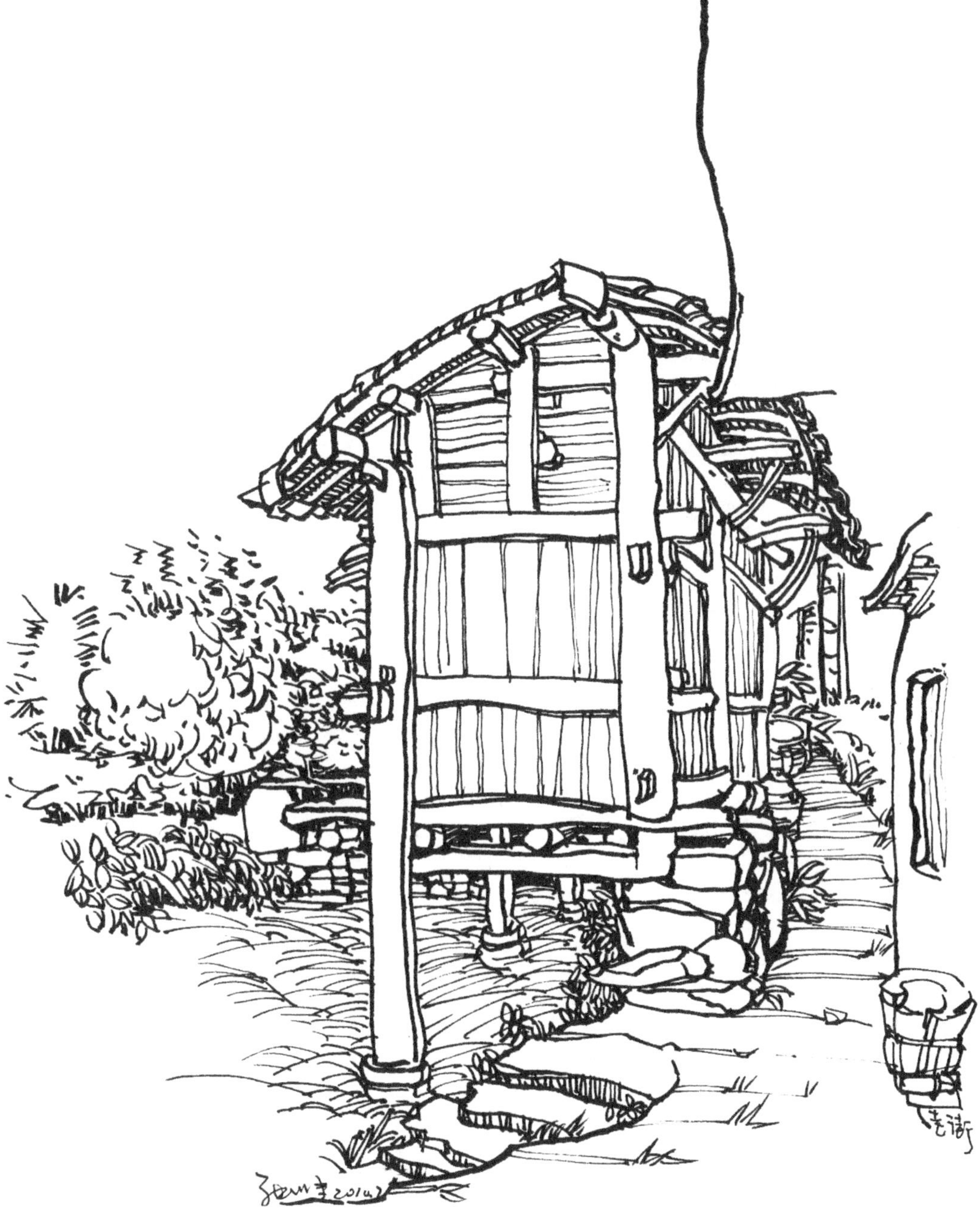

图 5.2　陀川木街

村头溪桥，潺潺流水，高墙窄巷，犬牙交错，清淡素雅，体现街巷节奏变化的韵律之美。以线条方向变化深入刻画木楼及其细部结构，使视觉中心突出。

图 5.3　宏村街巷

用线描勾勒街巷形态，建筑的外墙和院墙（墙体表面的斑驳表现了历史痕迹）观赏门、窗、门楼与门罩，街巷的门券洞。踏着青石板路，听小沟的水声，如同音乐的节拍。

图 5.4　巷口

线条用笔轻松随意，虚实顿挫因形而变，用笔简练地刻画形体细节。而巷口的植物起到逗号作用，给人以巷外有景、意犹未尽之感。

图 5.5　亭外石板路

框中是石板路、建筑、树木、小桥等组成的完整画面，画面造型不散，视觉集中。外框用座椅、挑檐破开，使画面不至于呆板，且具有生动的效果。

图 5.6　宏村巷道

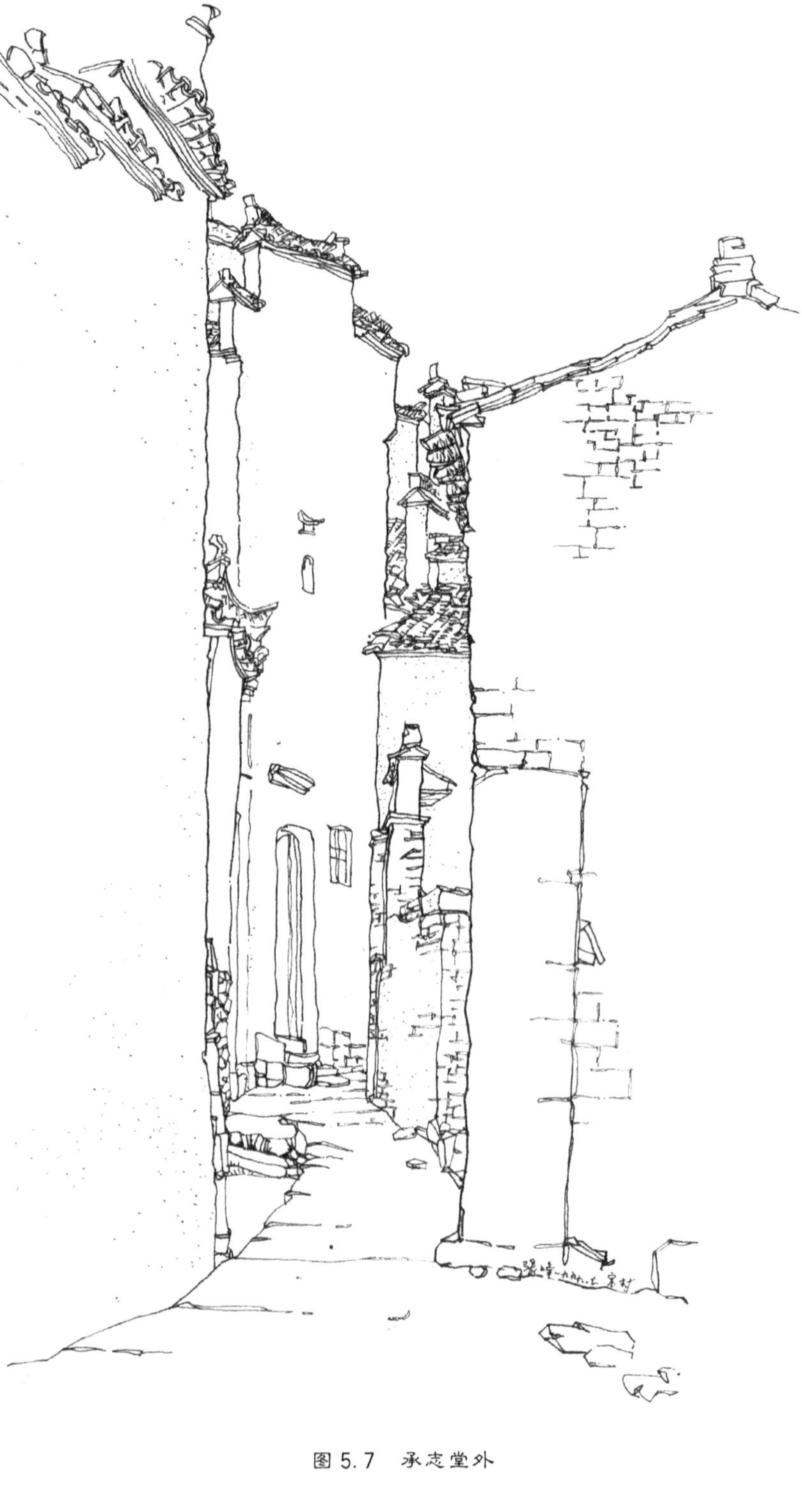

图 5.7　承志堂外

图 5.8　石板巷

图 5.9　水圳巷道

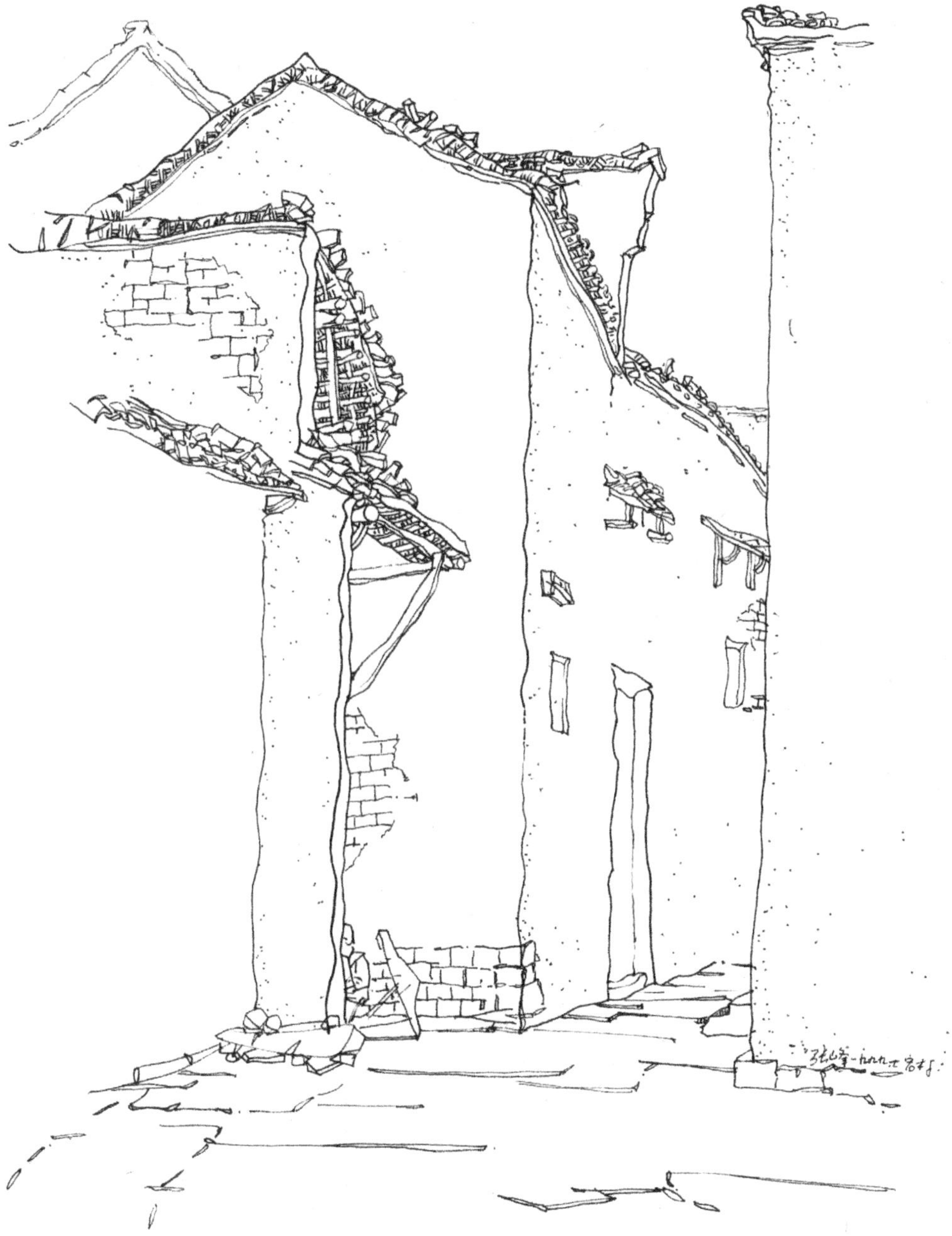

图 5.10 宏村街巷 1

图 5. 11　宏村街巷 2

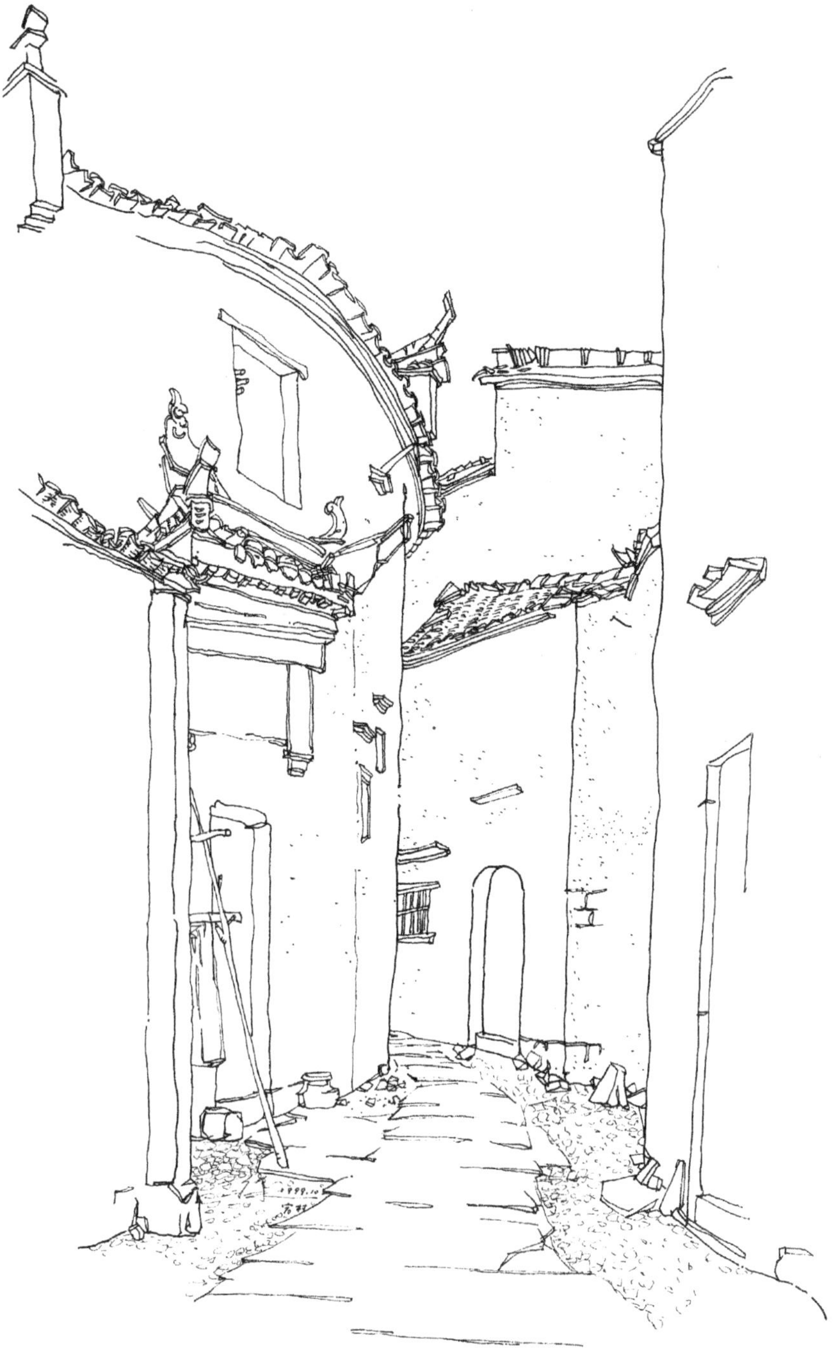

图 5.12　宏村街巷 3

黟县宏村街巷的写生，以线描刻画物体，局部对墙面描绘，表现出其斑驳效果，或采用打点手法，体现历史遗痕，沧桑之感。石板路被两边密集线条组织的鹅卵石衬托出来，蜿蜒穿插。在表现石板路的时候要略微画出其厚度，有既平整又有缝隙的效果，处理不好很容易导致路面凸凹感太强、不平整的感觉。

图 5.13　桥头商铺

以桥为近景，桥头商铺为中景，视点消失在远景的巷子之中，形成高低起伏、相互掩映的视线。两边建筑虚化处理，衬托出视觉中心的桥头商铺。

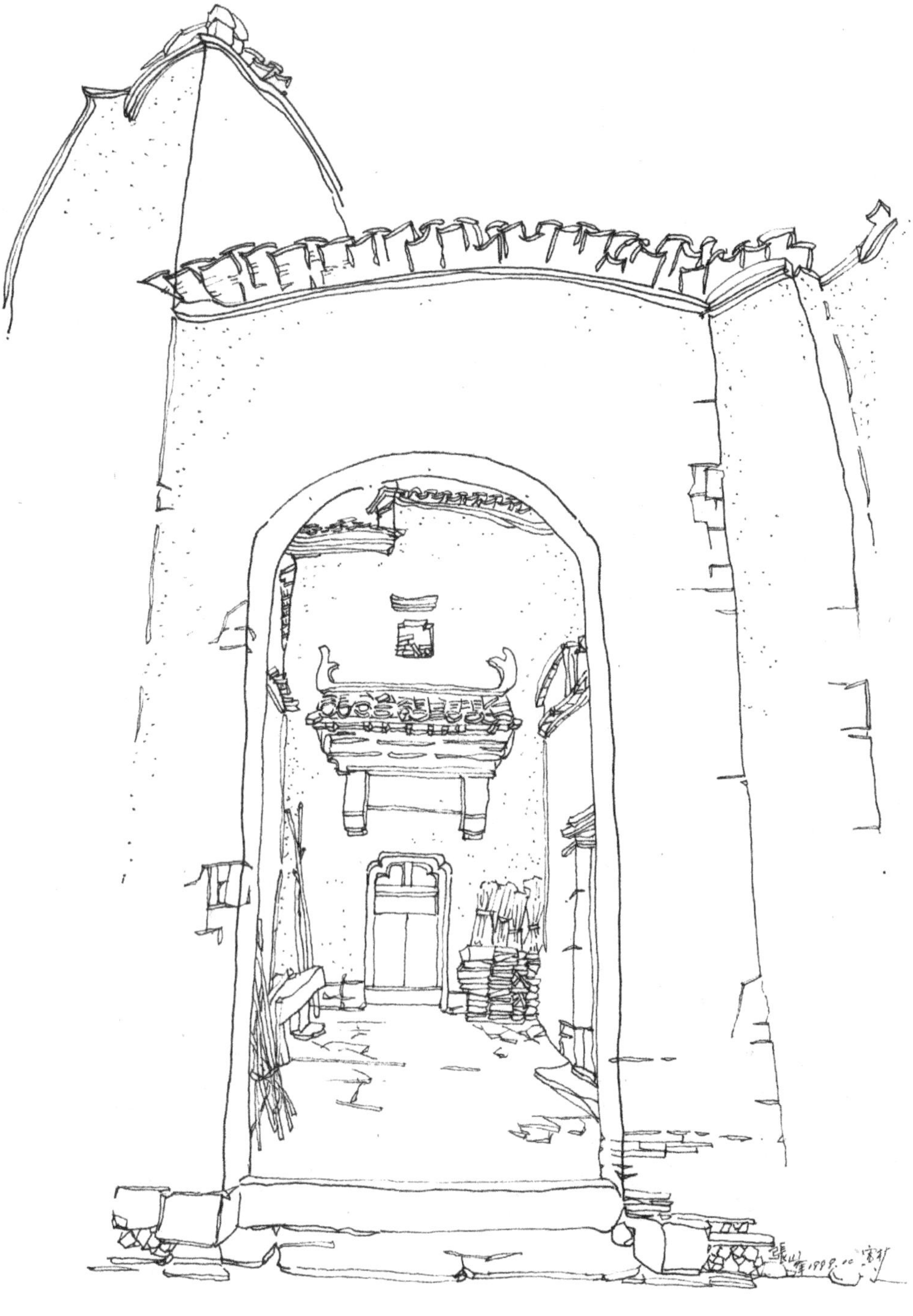

图 5.14　门内小院

院墙与建筑围合成入口小院，高墙开窗小而少，室内采光很差，有幽暗凄迷之感，这也反映了暗室生财的徽州风俗的聚财观念。

图 5.15　门外街巷

从小院往外看去，蜿蜒的街巷错落有致，相互穿插，门楼线条变化随意，零星点缀一些瓦片和砖头，使画面轻松随意而生动。

图 5.16 街巷节点 1

图 5.17　街巷节点 2

街巷空间以门楼、拱门等造型形成交通节点，其既可丰富交通景观，又可作交通标志，使街巷空间节奏感强，且富有韵律感。

图 5.18　理坑街巷

竖向的线条长度变化不一画出墙面，横向线条虚实变化表现石板路砖墙，表达对象简明扼要，以植物、路边小石头破开部分形体轮廓线，使画面丰富生动。

图 5.19　门外石桥边

虚实变化的门框之中是小桥流水人家，以框景手法使画面视觉集中，且空间层次丰富清晰。抬眼望去，徽州民居村落处处是景。

图 5.20　古筑老街

图 5.21　古筑商道

这是黟县古筑村的一条老街，从其空间尺度可以看出古代社会时这里是非常繁华的，是徽人出山的一条重要商道。以线条疏密互衬，方向变化来表现古筑老街前店后坊的格局，以及砖木结构的构筑形式。

图 5.22　南屏过街楼

用简练且富有装饰味的线条表现南屏过街楼这一经典街巷。地面密集的鹅卵石衬出青石板路蜿蜒而去，与屋面密集的瓦片框出墙面，过街楼下的木板和门的纹理穿插于其中，使画面节奏感强烈且富有条理。

图 5.23　古筑村街巷

蜿蜒而去的街巷串联着户户宅院，马头墙高低错落，相互呼应，墙头的枝丫打破画面的规矩，使画面富有生气。

图 5.24　南屏街巷

画面图形元素规整秩序地排列着，以刚柔虚实的线条来表现屋顶、墙体、地面。门楼相互错落使画面相互呼应，线条疏密组织让画面层次清晰丰富。

第6章 宅院速写

徽州传统民居的空间布局是多进院落式的集居形式。其依山就势或以中轴线对称分列，面阔三间，中为厅堂，两侧为室。厅堂前方是天井，起到通风采光的作用，院落相套，逐层向内延伸，因地而宜呈纵深型布局。在徽州有“三十六天井，七十二槛窗”之说来形容院落之大。以天井为中心围合的空间，其室内分隔的隔断墙、板壁起着很大的作用。

院墙是徽州传统民居最活跃的因素和配角，它和建筑的外墙共同演绎了徽州传统民居的院落空间，即天井和园林，同时创造出深巷重门、村溪、石径等。徽州传统民居的内开放外封闭的形成：一是靠外墙；二是靠院墙。在空间丰富的处理手法上，院墙连系外墙使宅院形成独立的小天地。院墙有宅外院墙和宅内院墙之分，它们构造方式相同，或条石垫脚，或碎渣垫基，砖砌空斗墙其面抹白灰，宅外院墙一般不开窗或开有很小雕花窗。在院墙所留洞口内用筒、板或砖摆成各种图案，对墙面进行装饰，洞口形状很多，常用的有：五方、八方、圆形、寿桃、扇面、宝瓶、双环、石榴和海棠等。院墙的门洞常用条石包框，方形居多，也有圆形等。院墙墙头盖瓦或大平瓦压顶做筑脊，主要有三线叠级，墙头做收口。徽州传统民居宅院的形态特征(图 6.1～图6.16)。

图 6.1　宏村遮义

这是黟县宏村德义堂入口小院，是一个带水榭的天井，天井有一面院墙开着一圆孔，一开始时就把后花园的景致在空间序列点出来。与水榭相对的是正屋，正屋后又是庭园，空间方向对比、明与暗、小与大，在不同材质的墙体运用中把空间不断交替、转换的动感演绎得活灵活现。人在屋内，抬眼望水榭，后花园的出墙红杏、蓝天白云，尽收眼底，使人感到室内外连成一片。

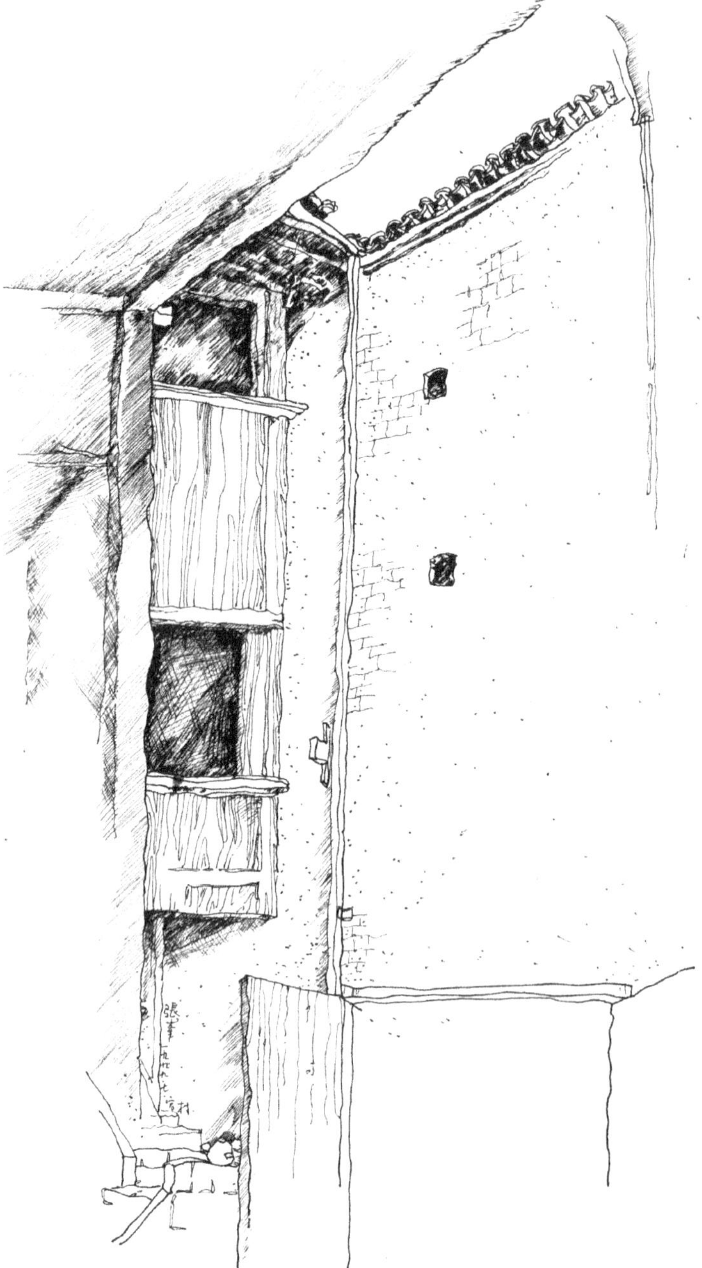

图6.2 天井

《道德经》："凿户牖以为室，当其无，有室之用。是故，有之以为利，无之以为用"。解释了实体是创造空间的手段；界面是围合空间的要素；空间是建筑的目的。以有形的实体，如墙体、顶盖为媒介，达到虚无的空间目标。徽州传统民居运用"有"和"无"，创造了典雅的建筑造型和独特的也内也外的天井院落空间。

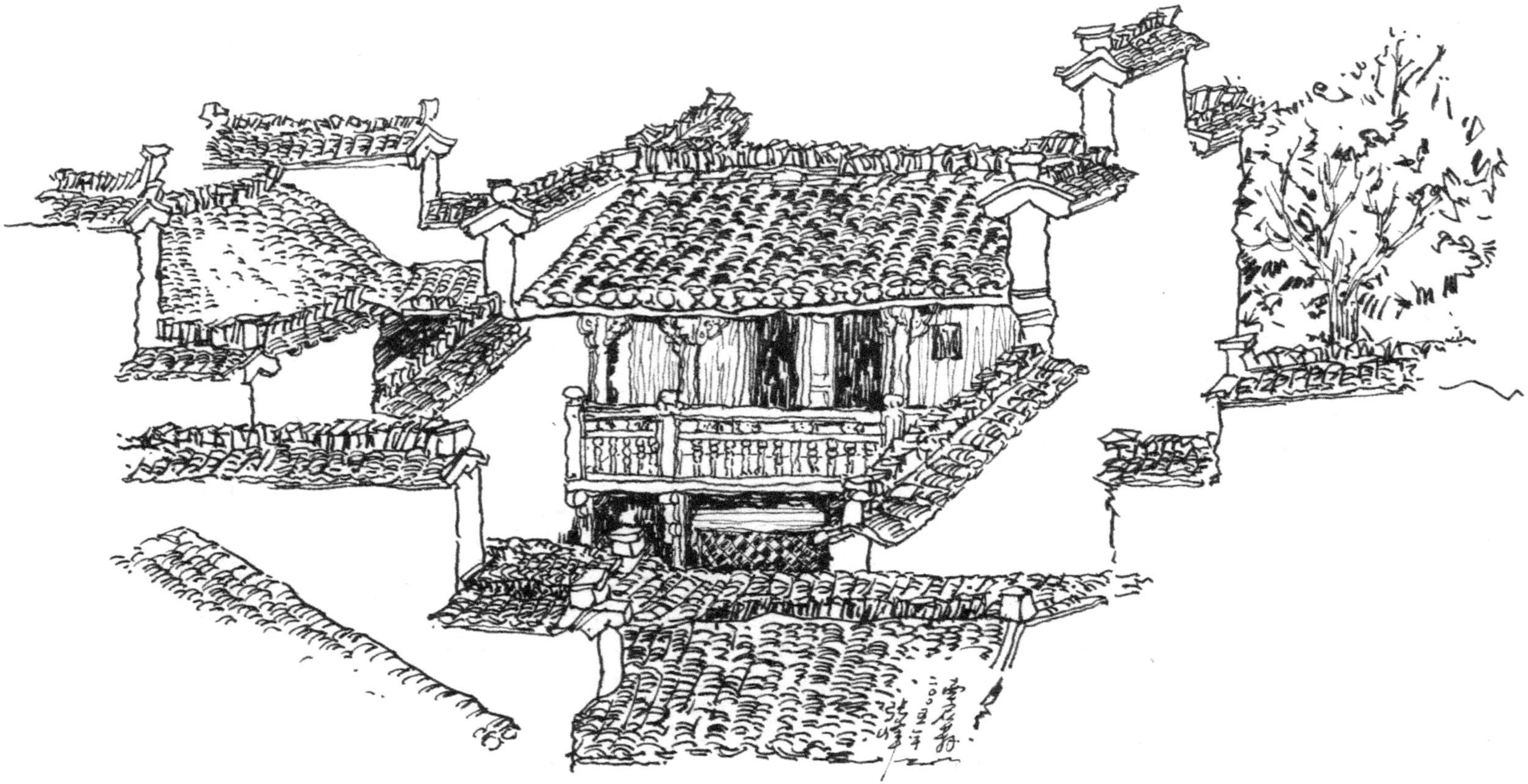

图 6.3　高墙深闺

徽州传统民居讲究室内空间与室外空间的联系。人在室内感到空间的延伸，能感到与自然融汇的生机盎然。徽州传统民居的墙体等围合出室内空间，又以窗扉、户牖、亭阁等收纳大自然之风光，体现了富于理性的、独特的徽州传统民居空间观。

图 6.4　宅内院落

建筑与院墙围合成的宅内院落是联系室内与室外的过渡空间，其间有观赏植物、盛水之用的太平缸等，使空间琳琅满目，富于情趣。

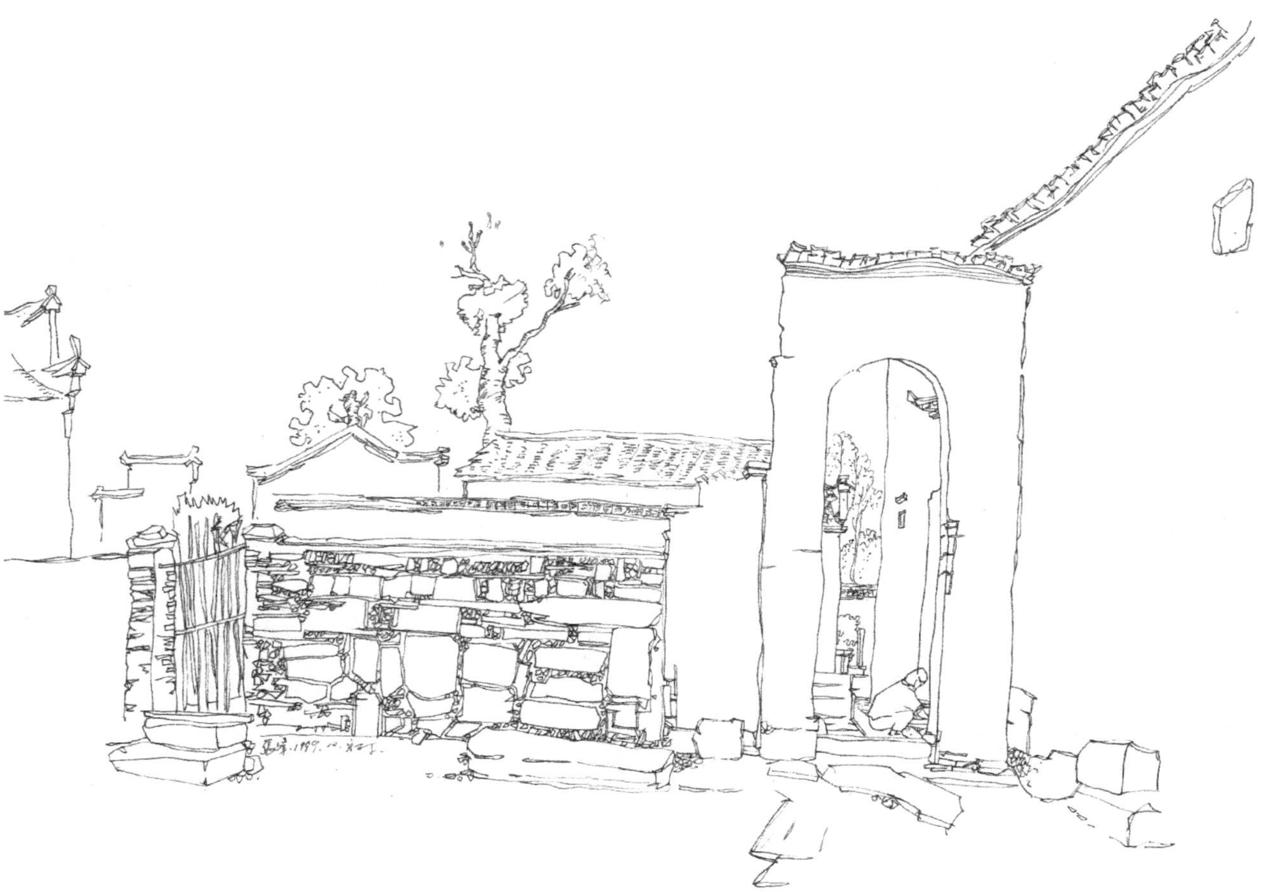

图 6.5　砖石院墙

画面是一个砖石院墙围合的农家小院，富有生活气息，以砖石院墙为主题，用刚柔虚实变化的线条疏密互衬，表现出农家小院的安逸。

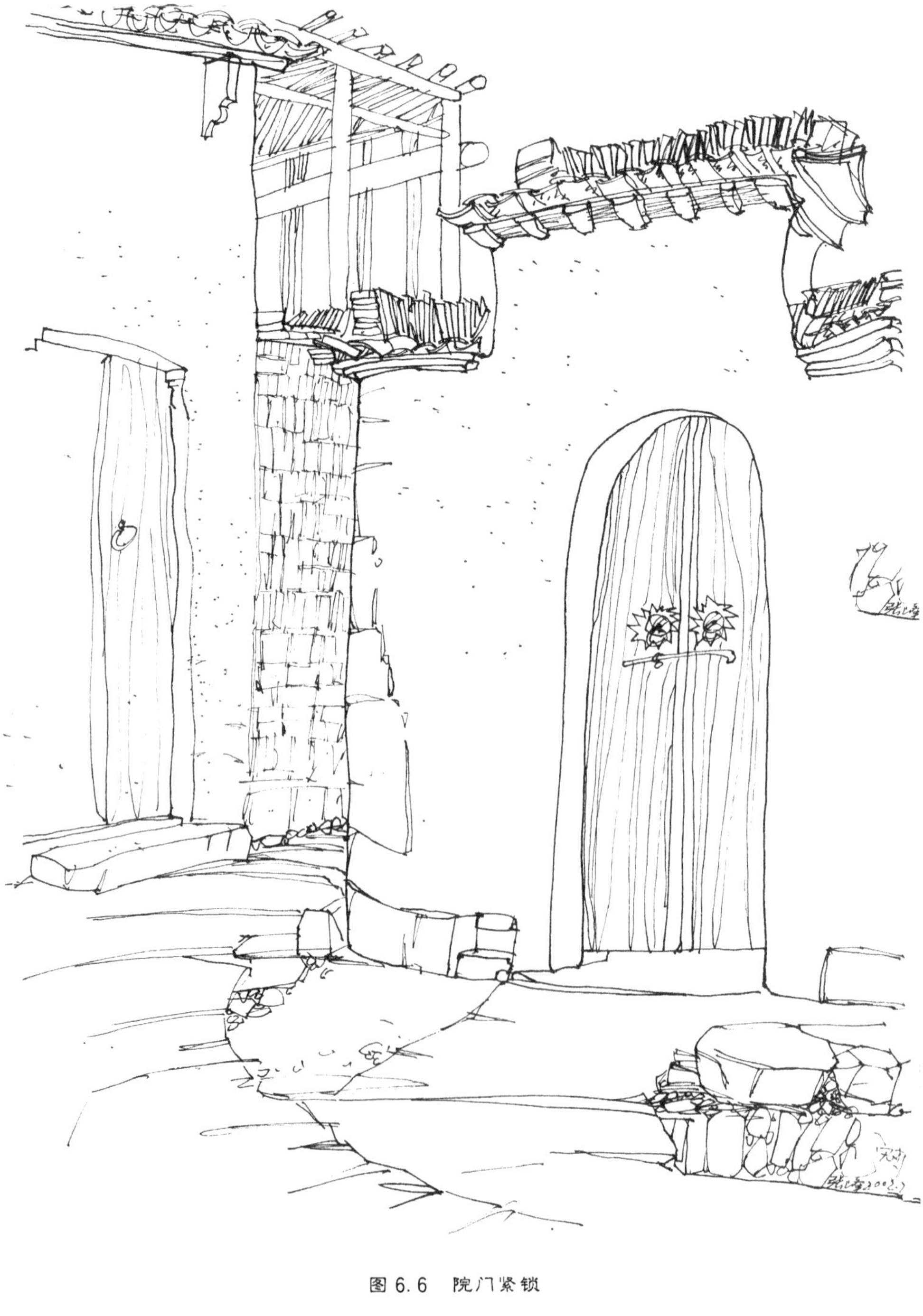

图 6.6　院门紧锁

图 6.7 院门相错

图 6.8　柴扉

画面是对宏村一些小院及其围合体的速写，线条轻松，形体刻画随意。用打点技法表现墙体的斑驳感，用疏密有致的线条表现砖石墙体，屋顶瓦片留白表现出光感，同时让画面有透气感，木门的纹理用线条随意拉出，使画面富有生趣。

图 6.9　听风品月

空斗砖墙围护，木构架承重的内向房屋围绕天井的建筑和幽长狭窄的巷道的生态适应性营建手法，营造出：“轩楹高爽，窗户邻虚，纳千顷之汪洋，收四时之烂漫。”

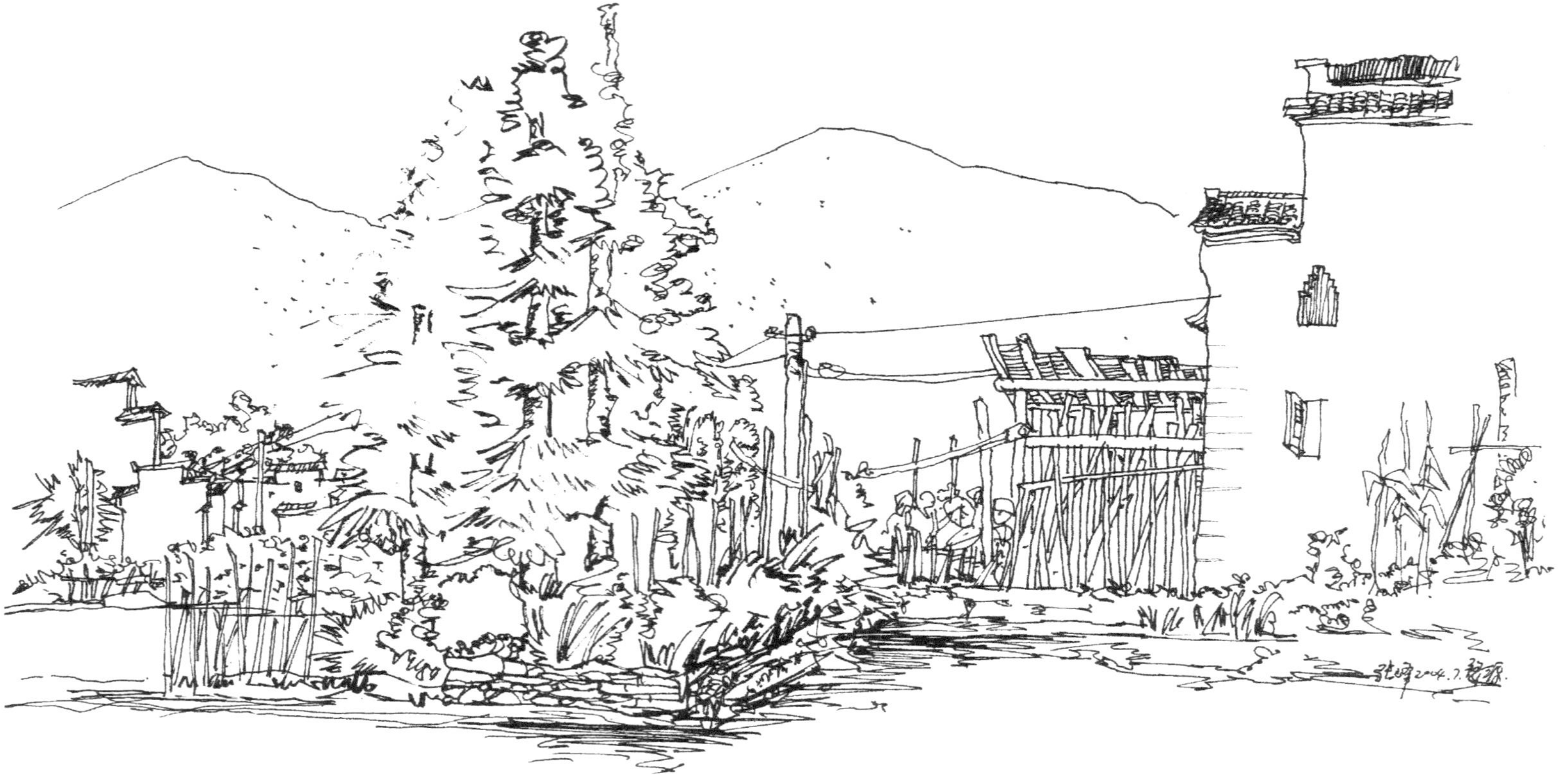

图6.10 农家院落

篱笆栏和墙体围合的小院落随意自然。画面主景是植物，主要对植物及篱笆栏的刻画来表现主题。

图 6.11　残　垣

残垣背后是茂密的树林，通过对树木暗部的刻画来表现其体积感与光感，入口描绘较深入，与围墙后的树木组成画面主景，使画面主题突出。左角落的近景是一些杂乱开放的野花，对其简要概括描绘，让画面有平衡感。

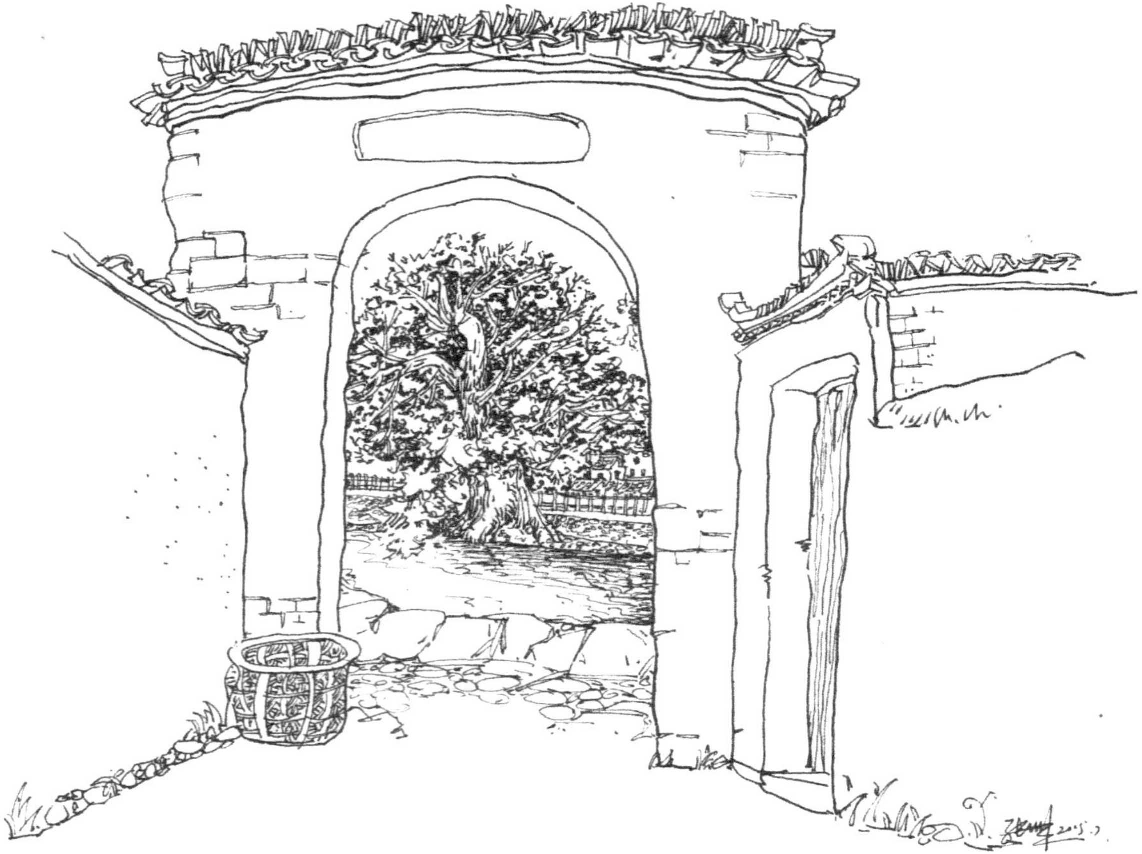

图6.12 聚 焦

院外的风景是宏村南湖对岸，用门楼框住一幅层次丰富完整的景致，画面中心是一棵精致刻画的大树，聚焦视觉，使画面意犹深远。院内墙垣左右对称、均衡处理，使其统一中富有变化。

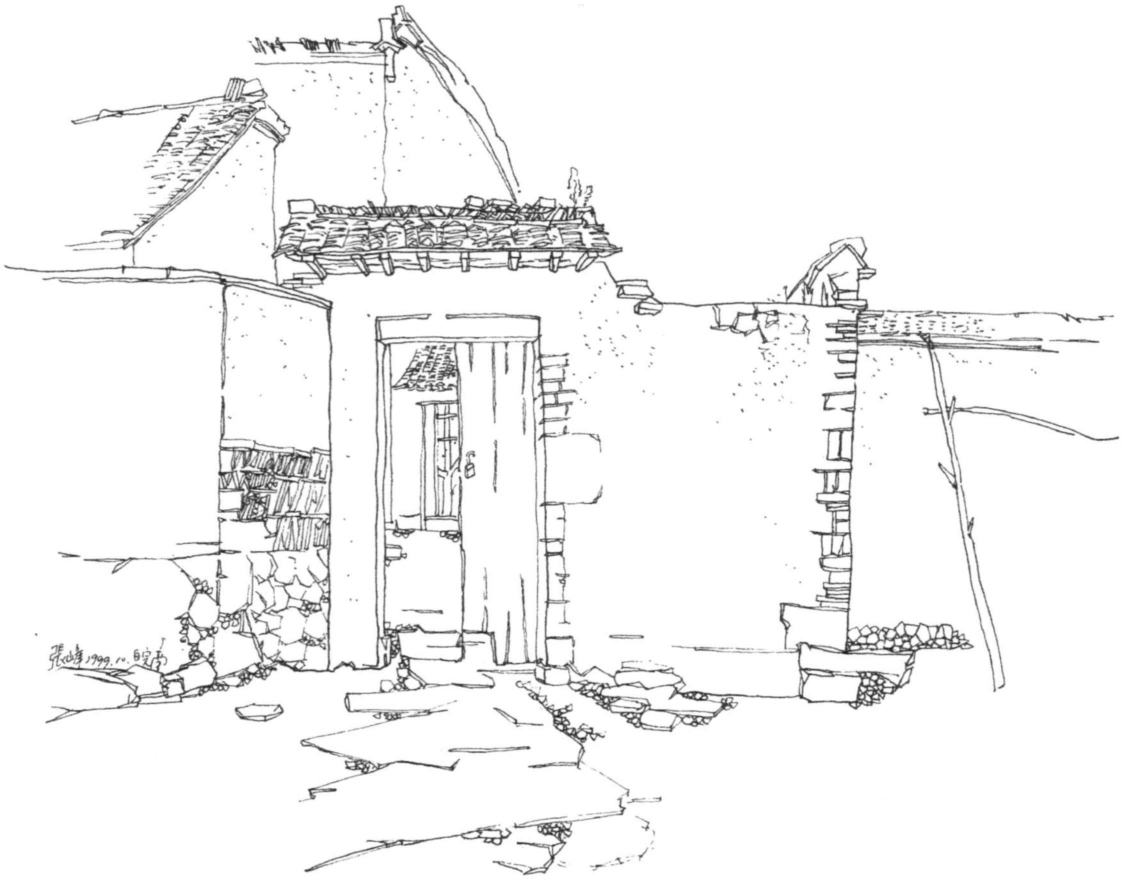

图 6.13　院墙内外

以路为近景，院墙为中景，院落后的建筑为远景，看似随意凌乱的景物，却是有组织的排序。门扉打开一半透出里面的内容，使画面空间生动丰富。

图 6.14　书院外墙

这是南屏村的书院，现已破败不堪，不复以往清灵俊秀之气质的通过写生的概括整理，以蜿蜒石板路为轴，联系建筑与环境，表现出其恬静雅致之气。

图 6.15　入户宅院

这是南屏菊豆药铺的入户小院，画面中心用枝丫打破规整的四方界面，使之生动活泼。对门后面也是精细刻画，使画面层次丰富。

图 6.16　垂花门

这是南屏村一个民宅入户小院，其界面雕刻丰富生动。木雕的形式有圆雕、平雕、线雕、深浅浮雕、透雕和镂空雕等相结合。刀法刚劲，线条流畅，丰满华丽而又不琐碎，使空间感寓景寓情。

第7章　树木速写

徽州是程朱理学的源地，程朱学派从人与天地万物是一体的角度提出生态保护理念。徽州传统民居聚落以保土、理水和植树、节能来保护其生存环境。保土就是合理地利用土地，珍惜土地资源。理水一者为生活需要用水，二者为发展农业生产需要灌溉和泄水排涝。节能是以顺应自然作适当调节，遵循风水思想，平衡生态，充分利用和珍惜自然资源，减少能耗。

植树是保护生态环境最重要的因素，徽州人历来重视植树、绿化，有草木繁茂而气运昌之民俗心理。在山间、田边、池旁、宅院内外广泛种植树木，还有果树等经济林木。乡规民约里有护林、绿化的约定，中举或生子应植树若干。“凡封山砍伐者砍首示众”（《新安志》），“凡砍一(株)，罚三(元)，砍五(株)，罚宰牲畜祭山，吃封山酒”等植树护林措施，在今天徽州许多地区都作为民俗保存着。徽州传统宅居与树木的关系(图 7.1～图 7.25)。

图 7.1　万松林中

南屏村水口有一处茂密树林，其间都是参天古木。时值三月，嫩芽初上，通过对树木枝干疏密交叉描绘来表现茂盛林木。透过树干来描绘道路、田园、房舍等远景，适宜地烘托了画面主景。

图 7.2　香樟树下

自然界中树木的种类很多，且姿态万千，各具特色，而各树木的枝、干、冠的构成与分枝习性决定了各自的形态和特征。因此画树木时要先了解树木的轮廓形状和高宽比；其次树冠的形态、疏密与质感以及动态；然后根据这些特性来采用相应的表现形式。

图 7.3　山野远眺

站在高处远眺山野，用几分钟一气呵成勾勒出这一山景，画面轻松随意，层次分明，树木形态相互呼应，用线流畅，使画面具有潇洒之气。

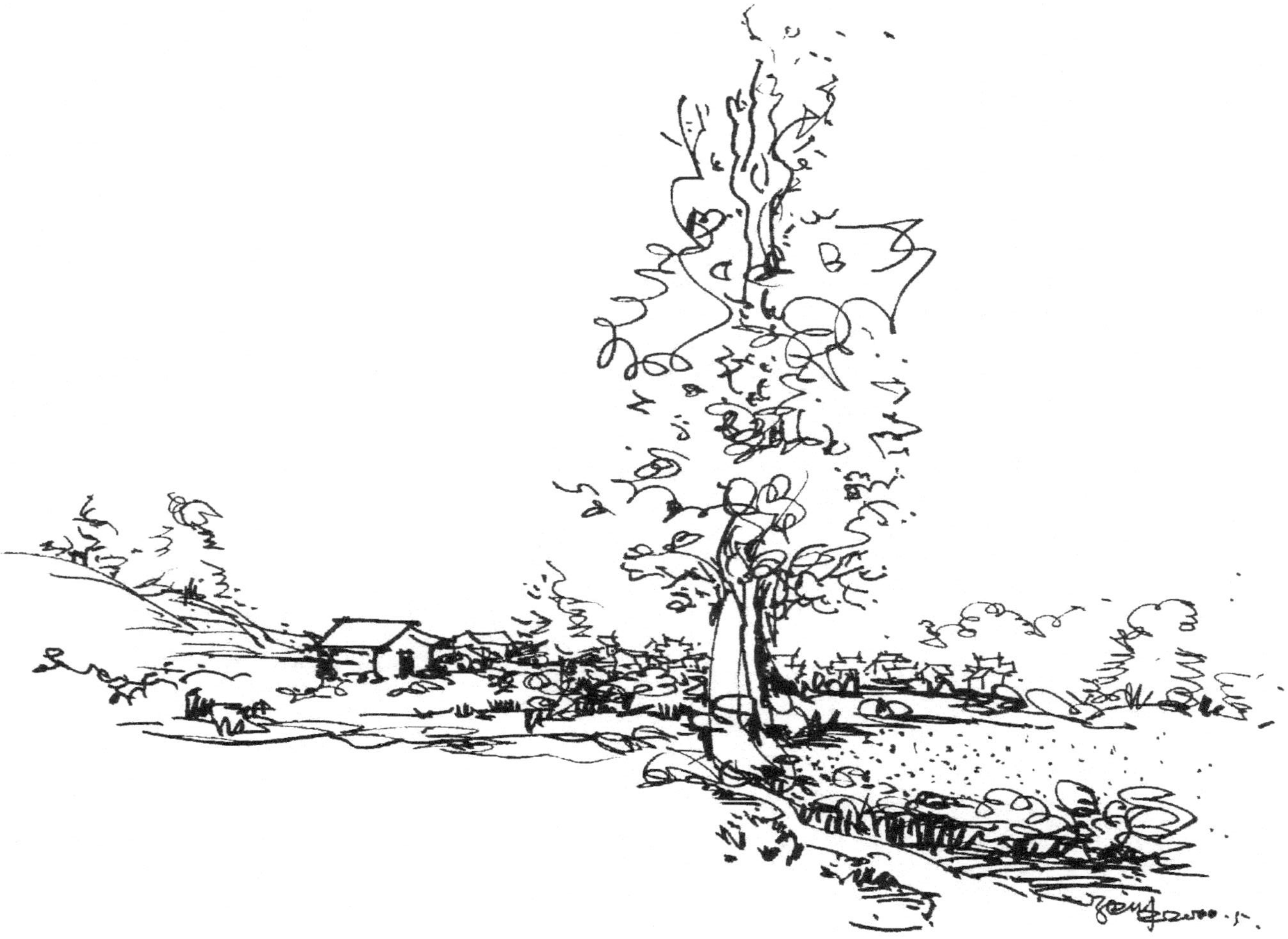

图 7.4　田间孤杨

直立在田间的一棵白杨成为画面主景，而对周围环境的概括取舍及对远景房舍的刻画，使画面简洁而又富有内容。

图 7.5　田间小景

图 7.6　夏日田园

这幅画用写意的手法表现林木深处的人家，线条轻松流畅，树木形态刻画准确，整幅画面一气呵成，画面富有生趣。

图 7.7　源头村水口

这是婺源县源头村水口，枝繁叶茂，流水潺潺，树的形态非常动人，人与自然的表现极为和谐。树是画中主景，画树要先画其主干，主干可决定树的形态与动态。或直或曲，或开或合，其布局安排要根据画面需要和构图而定。

图 7.8　连理枝

这是婺源思溪河边的古木，婆娑的树干连在一起，形态非常优美。树干画好后再画分枝，绘制时应注意枝与干的特性。“树分四枝”，分枝应讲究粗枝的布置和细枝的疏密交叉及整体的均衡。在主干上添加小枝后可使树木的形态栩栩如生，生动丰富。

图 7.9　河边银杏树

由树叶组成的树冠要考虑其明暗关系。可以把树冠考虑成多个球体的组合，根据树叶特征用合适的线条，来表现出树冠的质感与体积感。

图 7.10　掩映思口村

用简练的线条勾勒出植物的形态，树冠留白，树干线条密集使树木具有体积感，与河水倒影疏密相互衬托，成为画面主景。左角落几株小草是画面近景，顺着河边拾阶而上后，就是繁茂植物掩映的思口村。

图 7.11　林荫深处

植物叶冠用变化的曲线表现出其层次与体积，其间穿插竖向线条画出枝干，形成树冠疏枝干密的黑白互衬，这成为画面主景。林荫深处有一房舍，使画面意境深远。

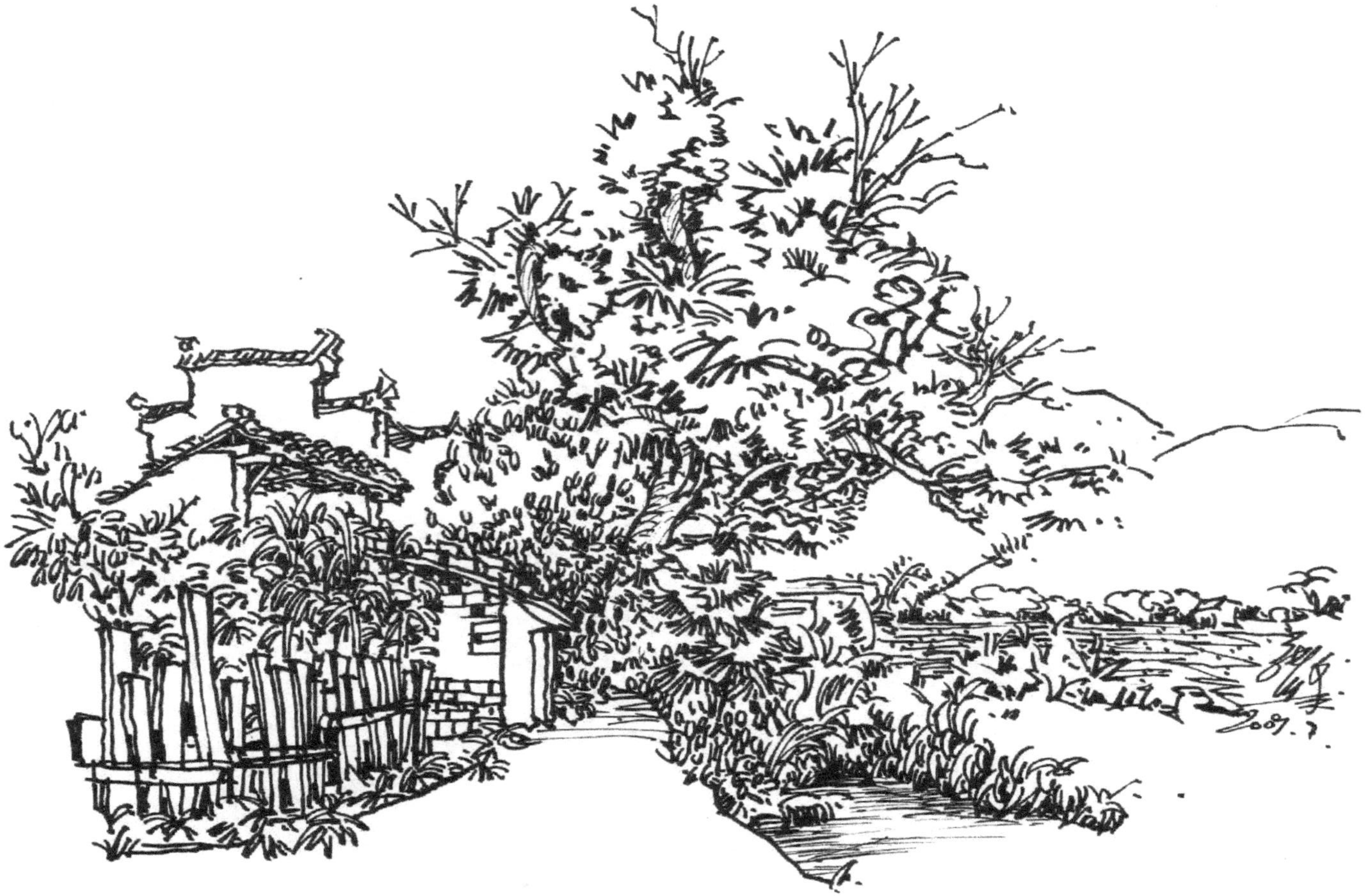

图 7.12　河西村头

徽州村落往往沿河而建，且宅前屋后枝繁叶茂。村头良田延至山下，一幅幅以水为中心的自给自足的生态人居环境处处可见。画面景物秩序布局，前后左右蜿蜒起伏，阐释了徽州村落人居的观念。

图 7.13　树下古庵

婺源篁村村头有一古庵，这里林木繁茂且环境幽静。画面主要刻画建筑后的参天古木和青石板路，使画面重心平衡。建筑着笔很少，植物描绘层次丰富，表达出了景物意境。

图 7.14 树 丛

这是河边一处茂密树林，各类植物簇拥在一起显得十分杂乱，但景物意境幽深，很有生趣。写生时仔细观察分析，通过概括取舍，用线条疏密互衬手法使各物体形态显现，且有序布置各种元素，使画面黑白相生，生动丰富。

图 7.15　桥边樟树

这是婺源陀川村落小景，其村头、溪边、宅前屋后都植有树木，起到保护生态环境的作用。画面均以树木为主角来描绘其人居环境，写生时抓住树木动态，分析枝干与树冠的关系，组织好线的刚柔虚实与疏密关系，用秩序变化的布局构图，使画面生动丰富。

图 7.16　溪边树影

图 7.17　理坑村头

图 7.18　南湖边上

这是宏村南湖边上的一景，青石板路蜿蜒穿插在其中，联系着各画面元素，使画面视觉集中在中心的两棵树上。右边白墙破开道路，对画面起到框景作用。

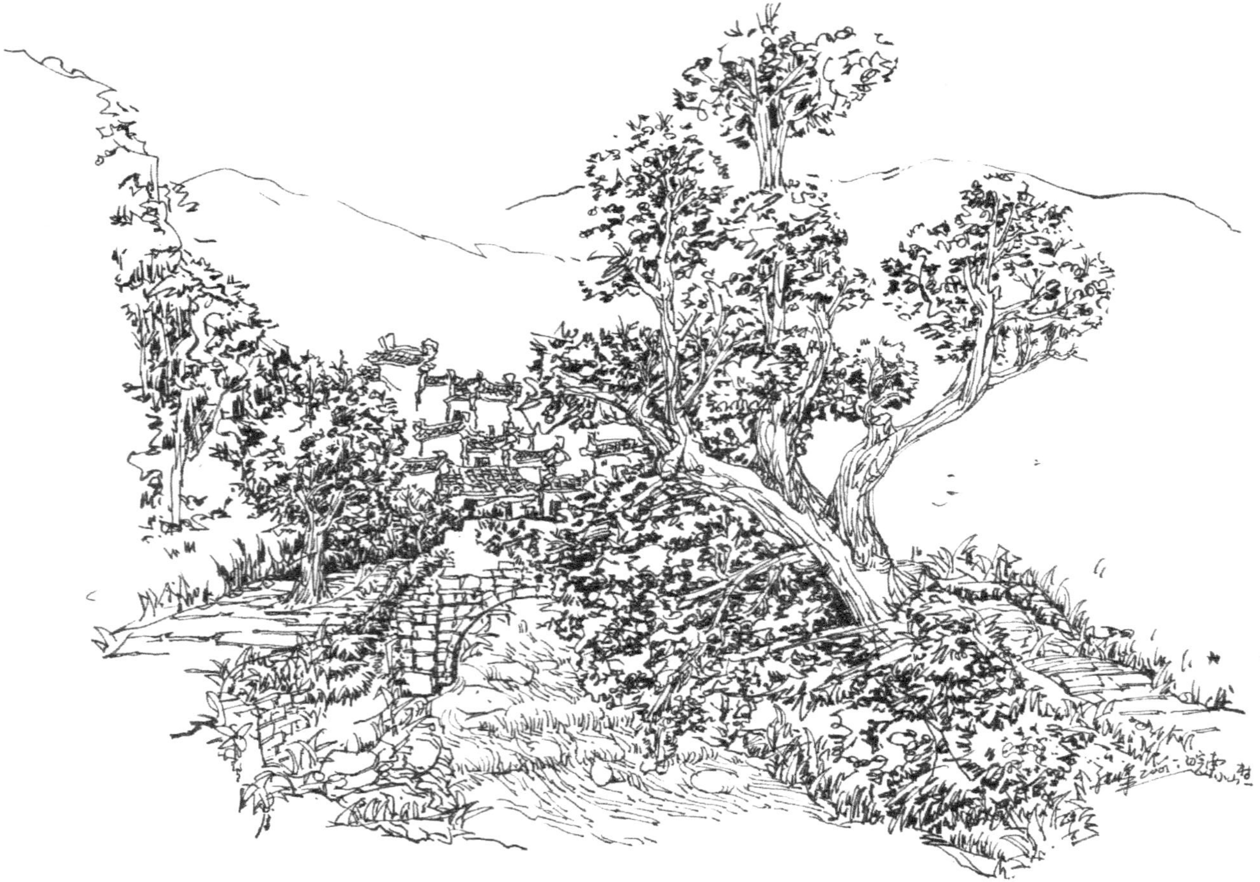

图 7.19　树下溪流

这是黟县竹海边上的小山村，隐藏在葱茏的树木之中，叮咚溪流升华了景物意境。一气呵成快速地记录这一景象，树与溪流为主景，相互呼应，掩映后面的建筑。

图 7.20　宏村牛角

宏村仿牛型规划村落，其“山为牛头，树为角，屋为牛身，桥为脚”的牛形，称为古代运用风水观改造生存环境的一个典范。

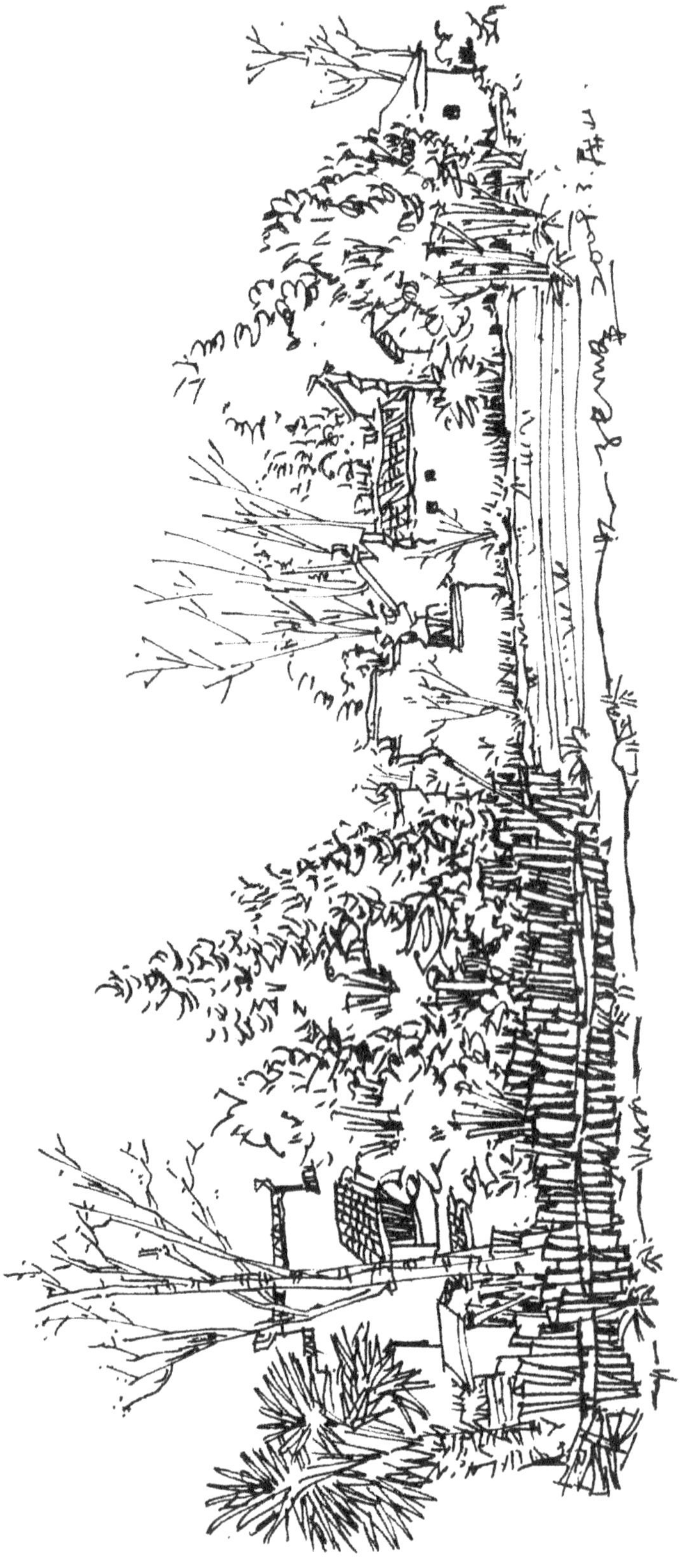

图 7.21 屏山村外

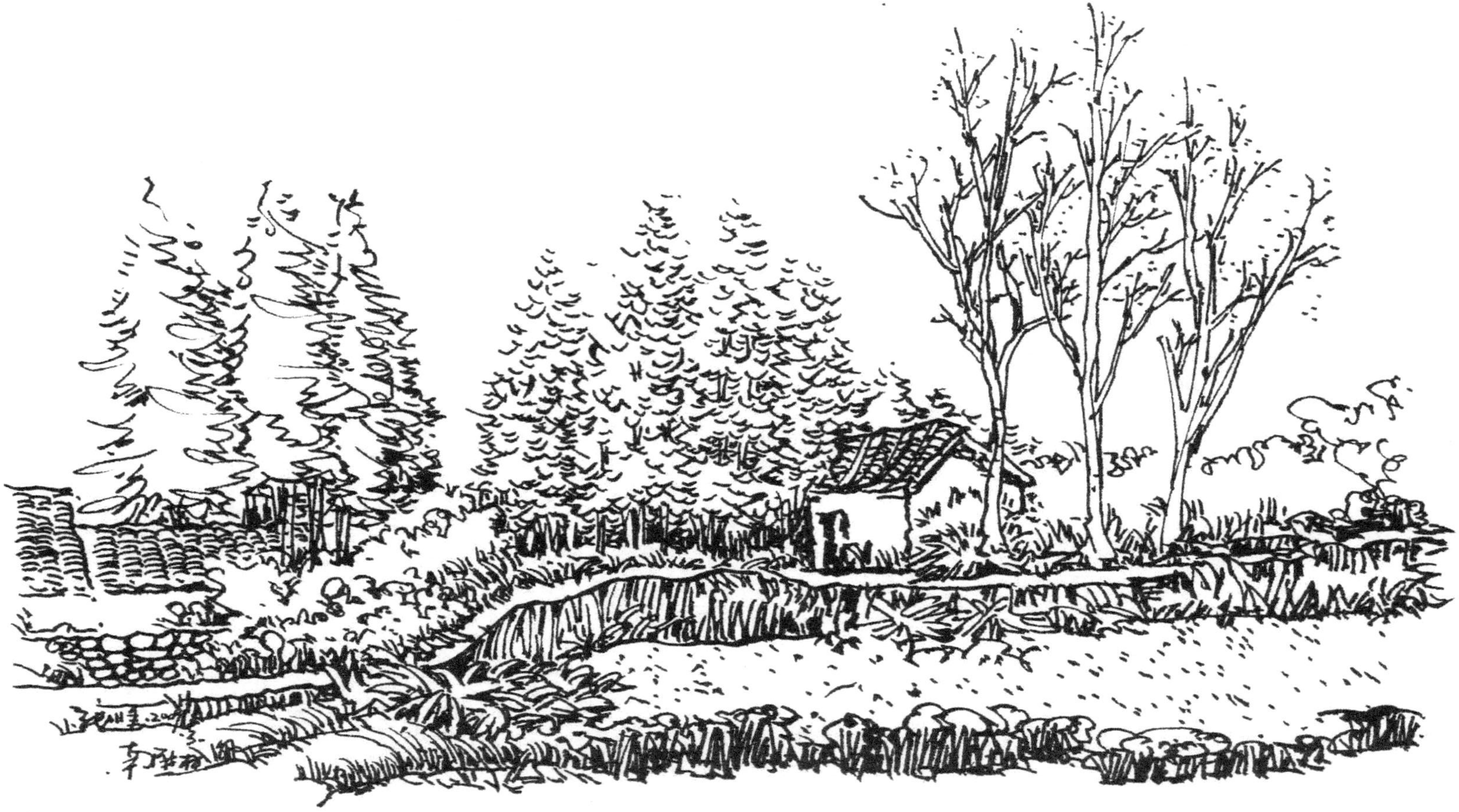

图 7.22　南屏村外

这是村落外围小景，其中包含房舍、小径、树木和田园。画面有组织的把这些元素进行布局，使其前后关系相互呼应，纵深关系起伏变化。植物形态根据其特征进行描绘，使画面生动活泼。

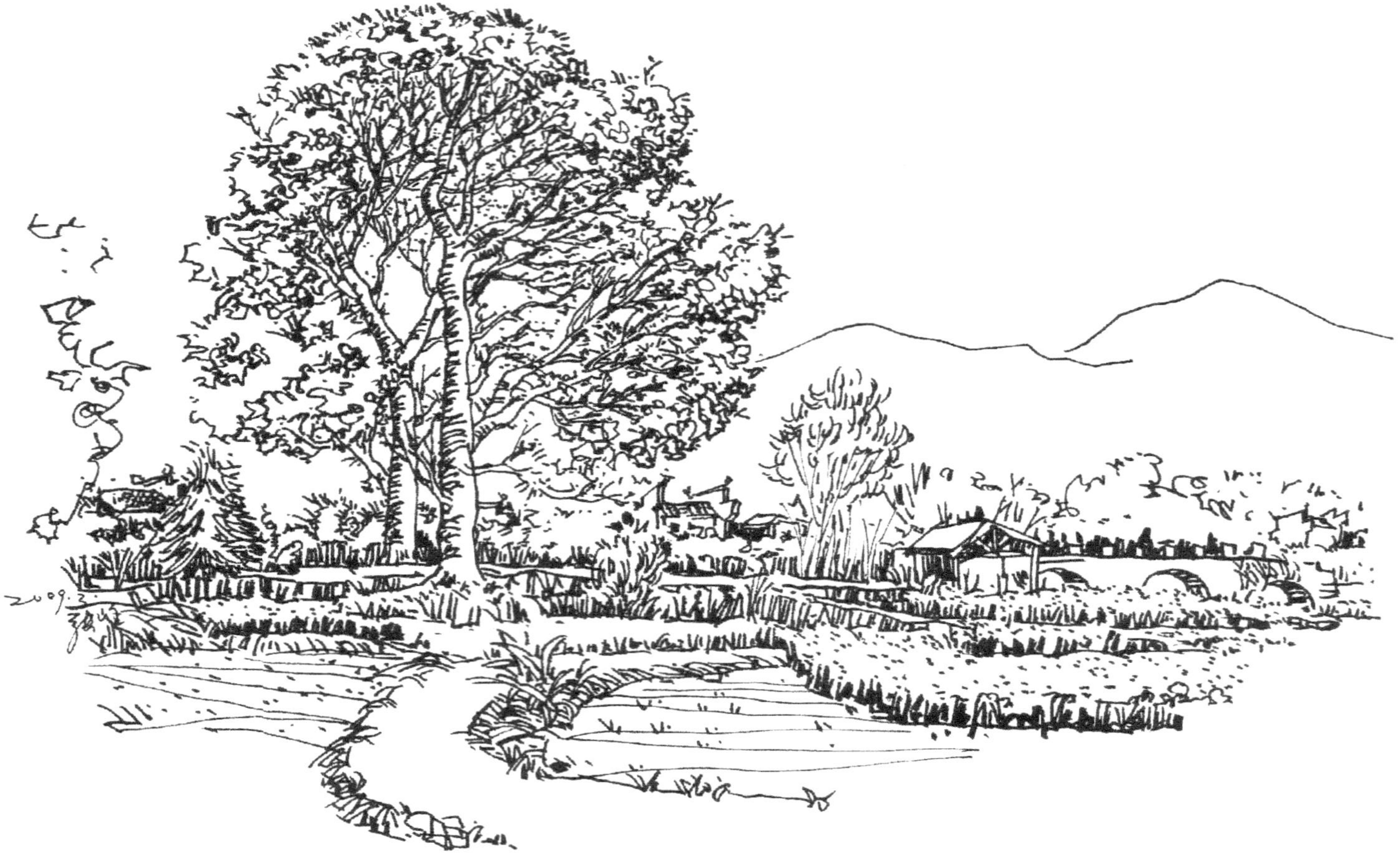

图 7.23　南屏村水口

这幅画表现了树木疏密、交叉地组织树的主干与分枝。树的主干与分枝的布局要随树的动态与形体而定，不管树形如何婆娑多姿，都要求其重心稳定。再根据树叶特征用合适的表现手段表现树冠，使之具有体积感。

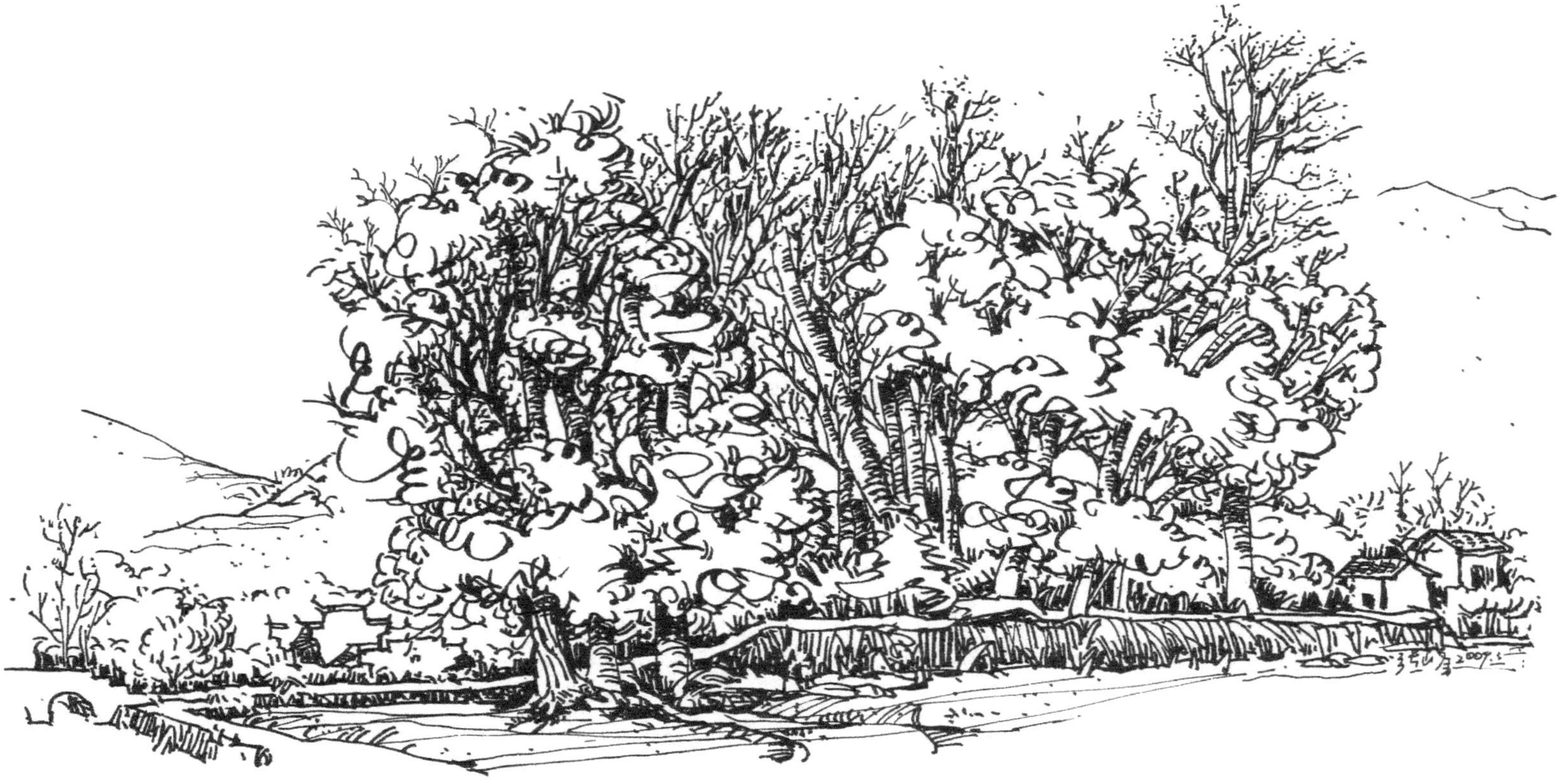

图 7.24　远眺万松林

阳春三月，远眺南屏万松林。其参天古木，惊人视觉，嫩芽初上，枝干相错，疏密之中用留白树叶相破，树脚穿插着小径，使之具有透气感。画面线条流畅，树木形态概括提炼，让画面富于生气。

图 7.25　宅前孤树

《芥子园画传》这样谈画树："画树必先画干，干立加点则成茂林，增枝则为枯树。下手数笔最难，务审阴阳向背左右顾盼，当争当让。"

第8章 山水环境速写

“与天地相参”即天、地、人三者相互作用，兼利万物，用当今术语来说是与自然相辅相成、协调发展、和谐进化，这也正是徽州民居思想的背景。

徽州民居聚落对生存环境有理性的分析和充分的利用，其择居山水之间，选择最佳环境，注重小气候调节。营建家园首先面对的是对自然生态的适应，自然生态包括自然地理条件、气候条件、自然资源等，这是聚落形成和发展的物质基础。徽州地处群山环抱之间，初时此乃蛮荒之地，徽人并非土著，其祖先大多为躲避灾祸、战乱而举家迁皖南山中。为择一宝地能让家族及后代生息繁衍，往往需要察地势、观风水，对自然环境要素认真分析，以确定一个适宜聚居的吉祥之地。

对聚居地往往要求冬季西北寒风小，夏季有山谷风，冬季日照多，夏季又凉爽的环境。因而北与西面以山为屏障、南与东面为开阔地的地理环境为理想之所。这种择吉地而居的思想观念促成了徽州传统民居的基本格局，即坐北朝南、负阴抱阳、背山面水。背山既可生气、纳气、藏气，又可接纳阳光，阻挡寒流；面水可使气“界水而止”，为居住环境孕育生机。在徽州许多村落傍水而居，从地名就可品出，如屯溪、泗溪、绩溪和西递等。总有一两条溪流或沿村边蜿蜒而去，或曲折迂回穿村而过，“傍山造屋，傍水结村”，成为村落选址的基本原则。徽州山水秀丽，物产丰富，滋养了徽州先民。徽州传统民居所处山水环境(图 8.1～图 8.23)。

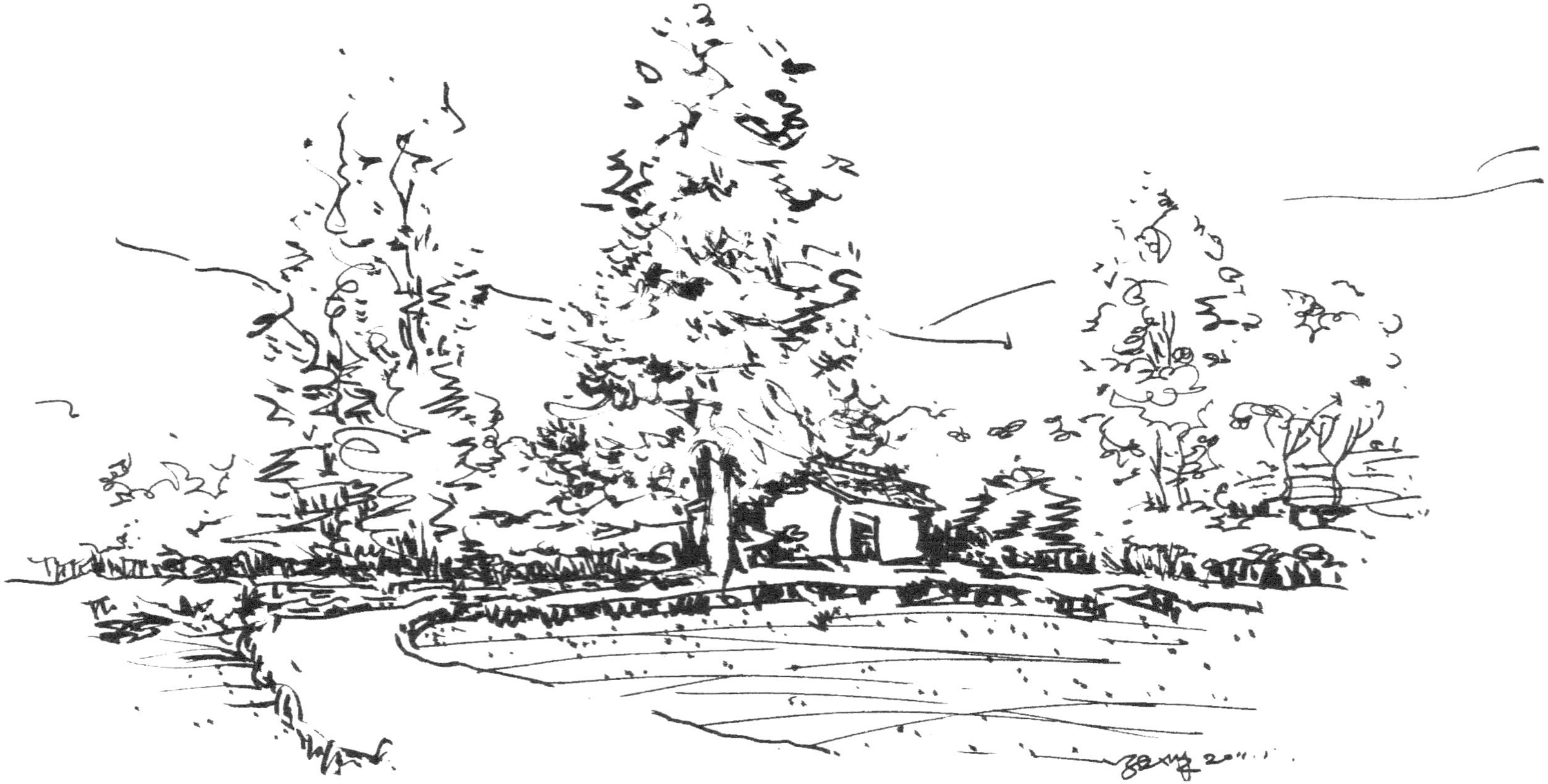

图 8.1 田 间

徽州地区山多地少，平地用来作耕地，其中还有一部分是道路，建筑一般建在坡地，目的是为了不占耕地。

图 8.2　小水塘

以山为远景，水和植物为主景，植物相互掩映，线条有秩序排列，使画面显得安详恬静。

图 8.3　田园小景

选好景物对象后仔细分析，概括提炼其形态，组织好构图，用笔肯定，线条泼辣，一气呵成，使这幅画面具有动感。

图 8.4　山路

这是去婺源源头的村路上，一棵树长在悬崖上，山路蜿蜒曲折，景色动人。通过对悬崖和树仔细刻画，有意虚化周围环境，使视觉集中在主题上。远景虽作淡化处理，但依旧要画出其内容，使之层次感丰富。

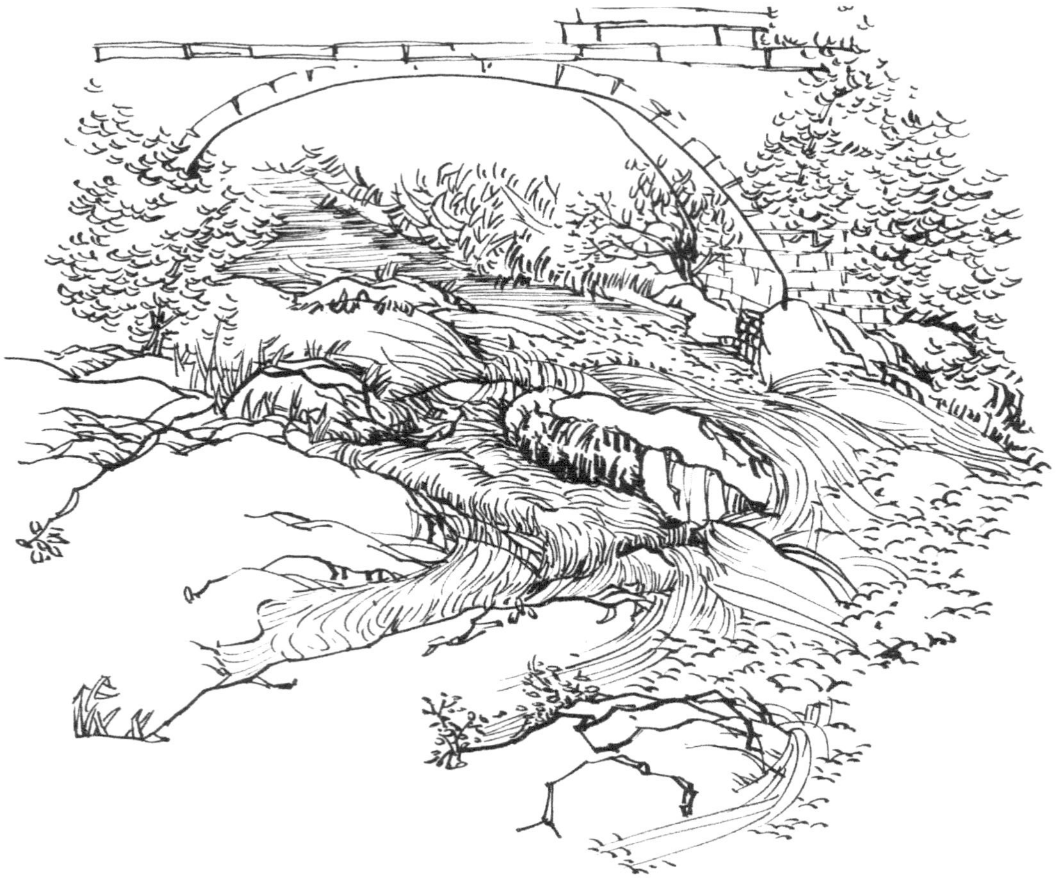

图 8.5　桥下溪流

这是源头村口的溪流，根据水流方向来组织线条。石头留白，根据其形态画出三面，使之具有体积感。石头缝隙画些小枝叶，从而丰富画面。

图 8.6　深山老林

婺源深山林木茂盛，在去源头的村路上，但见山脚下这片老林形态感人，大树边上是梯田。以山为远景，树林为主景，山和田用规律的线条表现，树木线条随意，使之形成对比。用线肯定流畅，使画面体现潇洒之气。

图 8.7　叠　瀑

婺源县进陀川的山谷有许多石头叠置在溪流中，描绘石头一般要“石分三面”，指的是要画出山石的体积及凸凹感。用线的疏密关系来表现山石的“三面”，起笔就要把握山石取势以及山石之间形的呼应。

图 8.8　山涧响水

描绘看似杂乱的山谷溪流时，其实也有规律可循。根据流水、山石、植物的各自不同的形态特征来组织相应的线条，从方向、虚实、刚柔、疏密的变化使各元素相互衬托。写生时要富有激情，才能使画面动人。

图8.9 山 泉

这幅画面以流水和山石相互衬托，植物置于外围起框景作用。山石和流水是画面主景，画山石讲究石头间形态穿插，大小山石之间形式与线条疏密互衬，画山石的线条也有虚实顿挫的变化。

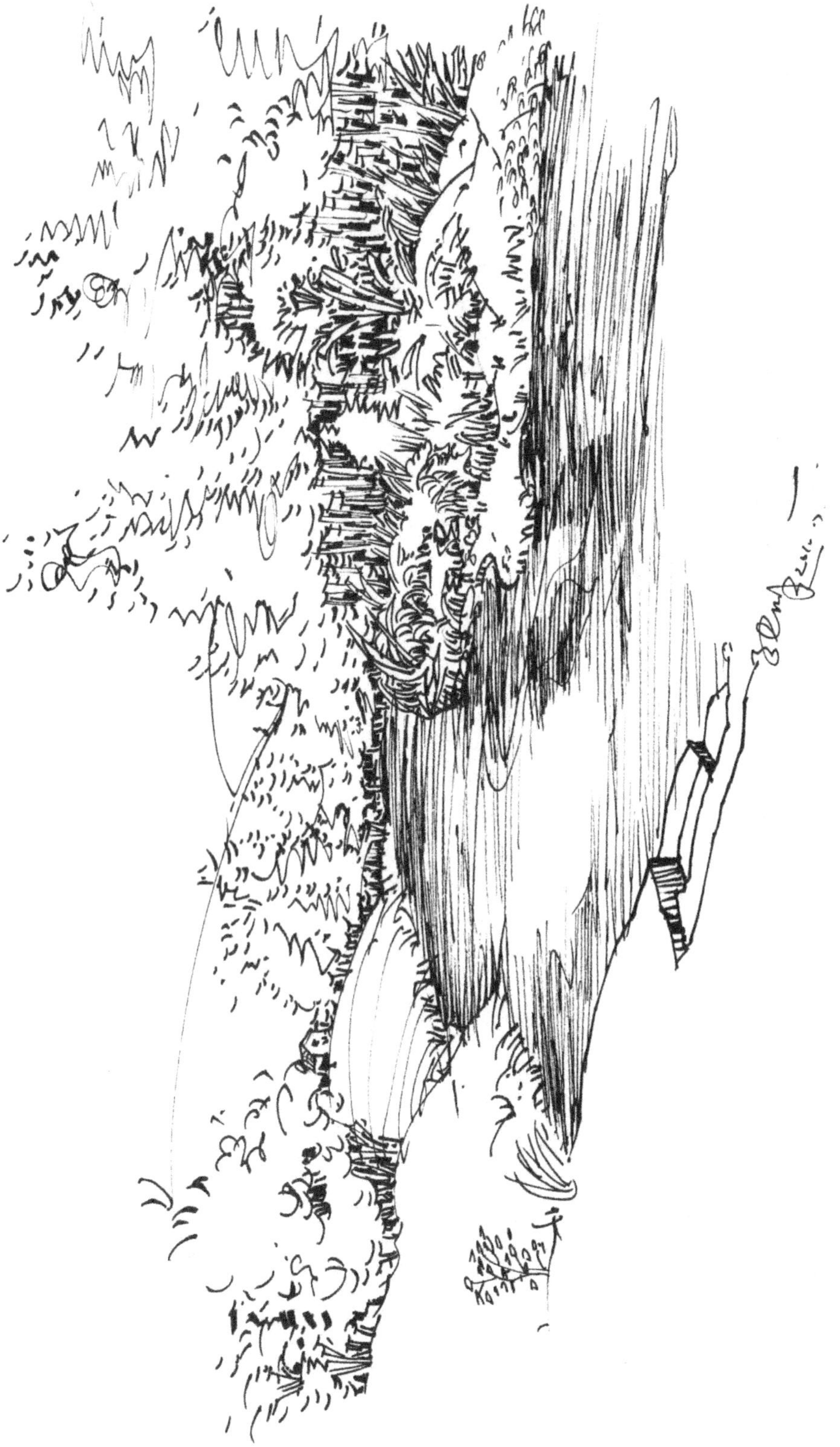

图 8.10 静静溪流

图 8.11　村头小溪

这是宏村村头小溪，淡水季节石头露出水面。山石是建筑表现画常遇到的表现对象，古人云：“石乃天地之骨，而气亦寓马，故谓之曰云根，”描述的是山石形态丰富，讲究气韵。

图 8.12　南屏万松桥

南屏村头的万松桥过去是座风雨桥亭，是送别、相迎的场所，也是劳作后休憩之处，然历经沧桑如今只剩下桥身。山下房舍是远景，桥身作为主景留白，且被周围的流水、植物、道路衬托出来，成为画面视觉中心。

图 8.13　树影小桥

这是村中小景，绿水、植物衬托着青石台阶和石拱桥。在处理石头细节时要注意疏密布局和形体穿插，《芥子园画》传言："画石大间小小间大之法，树有穿插，石亦有穿插，石之穿插更在血脉。"

图 8.14 山 林

图 8.15 田间小径

图 8.16　荒　野

这是对山林和田地等自然环境的写生，主要描绘对象是植物。植物形态随意杂乱，写生时需要进行归纳和提炼，同时还要有道路、流水、房舍等要素作配景，使画面便于疏密布局，也能让画面富有生趣。

图 8.17　儒村风雨桥

这是从宏村去黄山的路边的风雨桥，其以青瓦、白墙、青石为基础，大山之中显得格外宁静。桥两边的树木高低错落布局，疏密有致，使画面构图丰富。远山与桥下流水刻画仔细，衬出风雨桥的画面视觉主角位置。

图8.18 沟壑

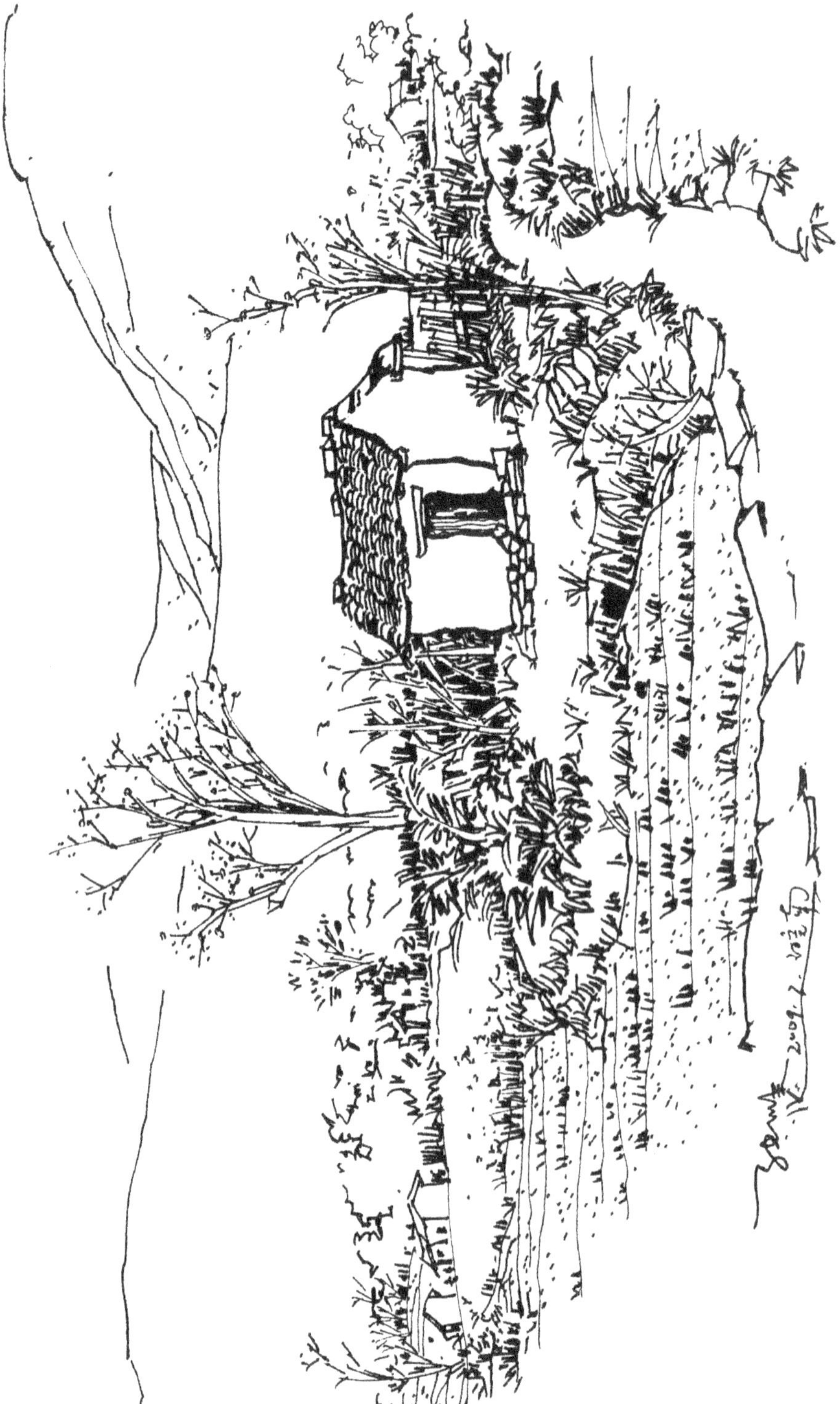

图 8.19 田间地头

图 8.20　田野溪流

这是对田间地头的写生，以植物、流水为“软景”，以道路、房舍为“硬景”，形成“软硬”互衬，使画面黑白布局生动。画面元素秩序构图，统一中求变化，使画面空间富有层次感。

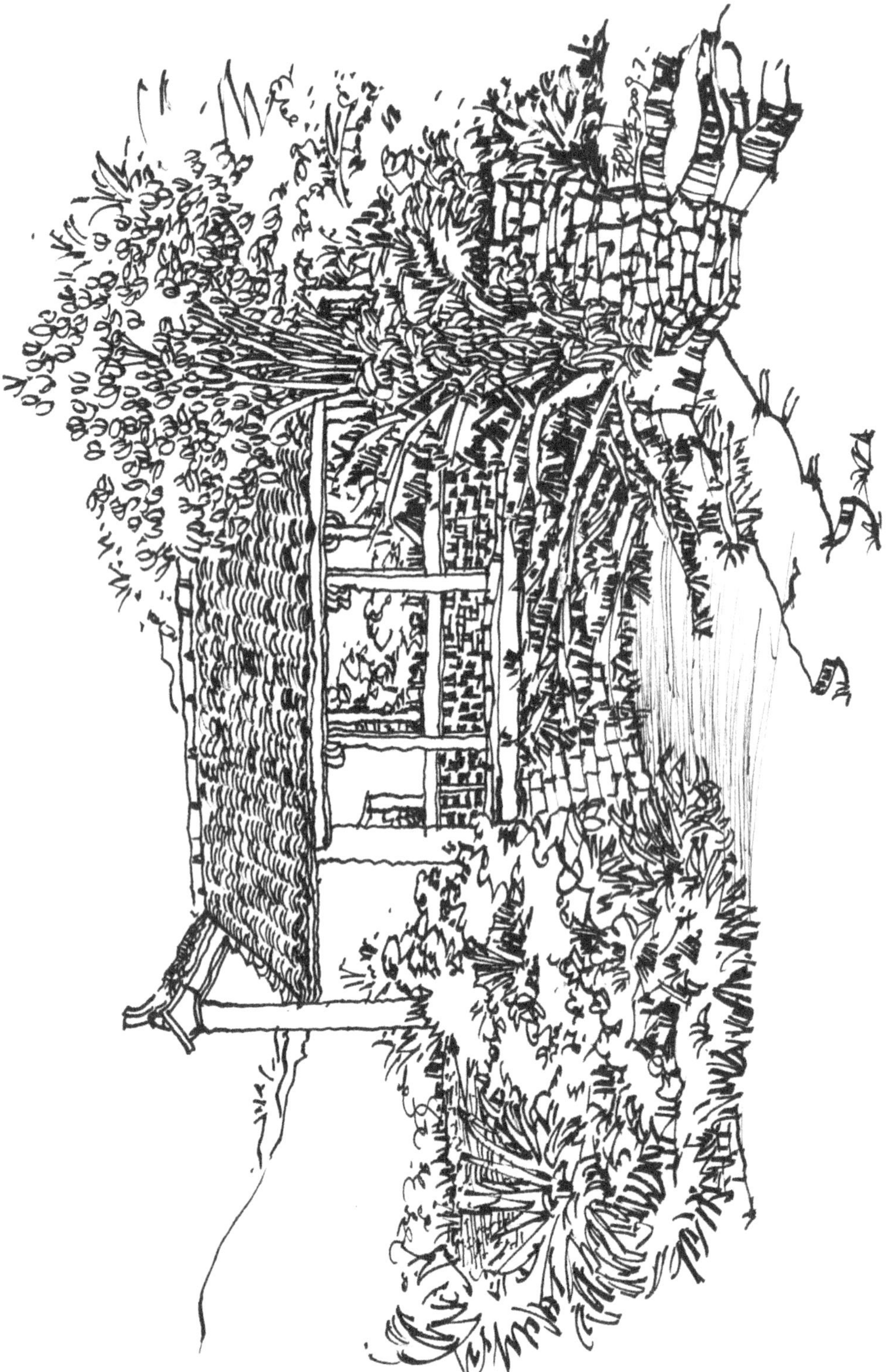

图 8.21 篁村风雨桥

图 8.22 风雨桥

图 8.23　古　道

这是婺源篁村风雨桥不同角度的写生。建在深山的风雨桥往往都是公益场所，储有干粮与水，为过路人充饥解渴。过去交通都依靠步行，且途中人烟稀少，难见一村，行走累了就在风雨桥里歇歇脚，风雨桥体现了古代社会的修桥积德等人文风尚。画面对古道、树木、廊桥、流水等作了精细刻画，表现了景物所传达的意境。

参 考 文 献

[1] 侯幼彬. 中国建筑美学 [M]. 哈尔滨：黑龙江科学技术出版社，1997.
[2] 清华大学建筑系. 建筑史论文集(第 9 辑) [M]. 北京：清华大学出版社，1988.
[3] 王振中. 乡土中国—徽州 [M]. 北京：生活. 读书. 新知三联书店，1999.
[4] 张峰. 建筑表现技法 [M]. 北京：北京大学出版社，2011.